コンクリートの打込み・締固めの基本

十河茂幸 監修

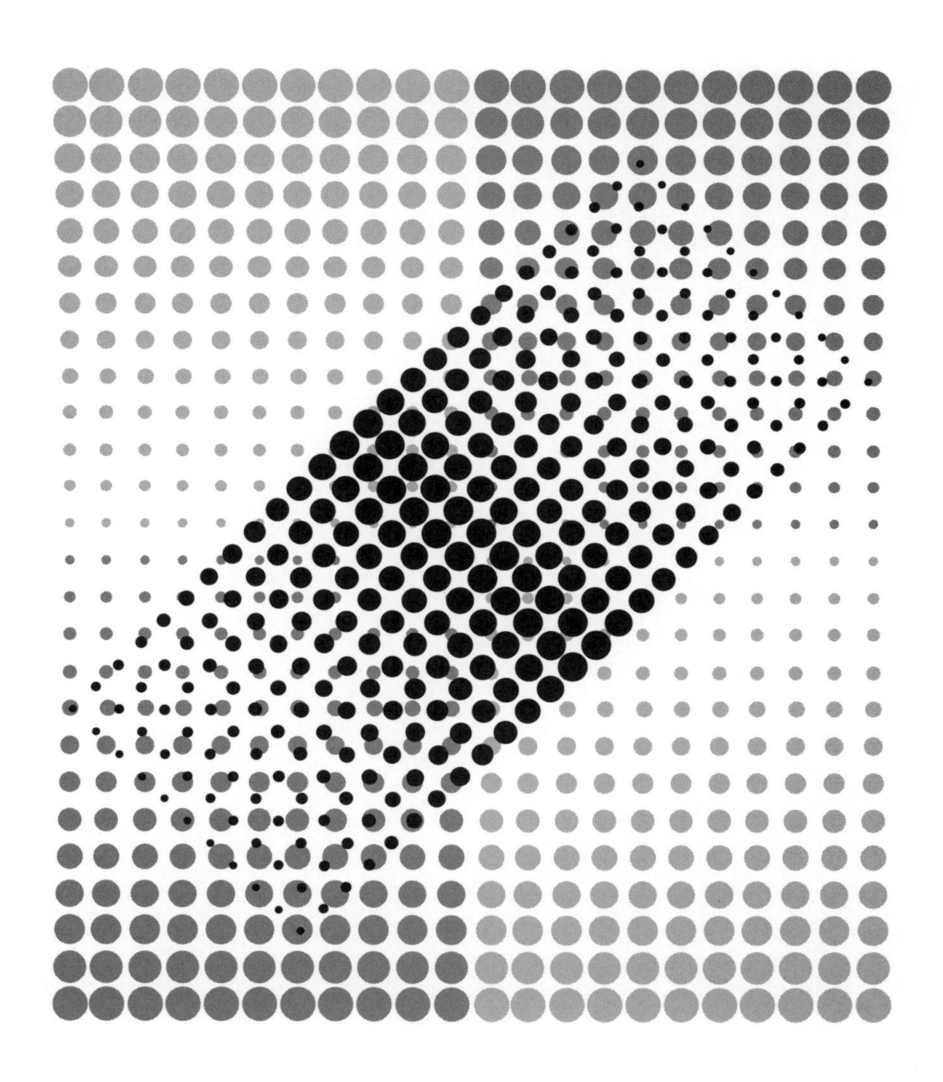

井上書院

まえがき

コンクリートの歴史は長く，健全なコンクリート構造物は，100年以上の歴史を刻んでいます。施工方法に関する技術についても進化を続け，近年では多量のコンクリートを一度に打ち込むことができる建設機械や装置が使用され，生産性は格段に進化しています。しかし，一方で施工者の技術力は近代化した施工機械に頼るあまり，高度な専門性を必要としないとの判断から，仕事はマニュアル化し，歴史が長いにも関わらず不具合が生じることが少なくありません。

コンクリートは天然材料を原料としているため，工業製品にしては変動が大きいと言えます。それゆえに，変動に応じた現場の対応が必要となります。コンクリートは，製造した直後から流動性が変化を始め，施工性能の変化を想定した現場の対応が必要です。また，施工時期の違いは性能の変化の速度に影響し，四季のあるわが国では季節ごとの対応が必要となります。生コンが生きていると言われる所以です。このような材料はマニュアル通りには仕事が進みません。現場の技術者の技量がものをいう世界です。

本書は，コンクリートの打込みと締固めというコンクリートにとって重要な仕事を行う技術者の参考図書としてまとめられました。ただし，コンクリートの打込みや締固めを行う技術者が，その作業だけを習熟すればいいものではありません。本来のコンクリートの性能である耐久性が確保され，そのコンクリートが歴史を刻むことが大切です。そのため，本書は打込みや締固めの技術だけを示していません。建設業の仕事として必要な業務一般についても理解し，前後の業務との連携も重要です。

本書の著者は，建築と土木それぞれの分野の第一線の専門家です。コンクリートに携わる技術者の必読書として推薦できます。しかし，この図書はマニュアルではありません。コンクリートに関する基本が示されていますが，この基本を理解し，現場に応用することが大切です。コンクリート技術者・技能者として，世に誇れるコンクリート構造物を創られることを切に望みます。

2020年3月

十河　茂幸

コンクリートの打込み・締固めの基本——目次

実践編

本書で用いる用語

1　土木と建築の違い

コンクリートは，土木工事と建築工事に使用され，ほとんど同じ材料が使われる。土木工事は公共工事であることが多く，建築工事は民間の発注のものが多い。同じ建設材料であるが，土木学会と日本建築学会の両者が示方書や仕様書を発行し，これに従って工事が進められる。そのため，両学会で微妙に専門用語が異なる。学会の用語が異なるため，大学も土木と建築で異なる用語で教育がなされ，それが現場に波及している。

同じ意味であるが異なる用語が定義されていることから，材料を供給する企業や建設工事をする技術者は用語を使い分ける必要が生じる。このことは，土木と建築の共通の参考書をつくる場合に混乱することになる。本書もそのために使用する用語を定義する必要が生じている。

2　同じ意味で異なる用語の一例

代表的な用語の違いは,「配合」と「調合」である。土木学会では，計画配合，配合設計，現場配合などが定義され，日本建築学会では，計画調合，調合計画，現場調合などとなる。なお, 日本工業規格（JIS）では,「配合」を用いているので，両学会ともレディーミクストコンクリートを注文する際には「配合」を使用する。両学会で用語が異なるため，両学会が同じ席で議論する場合は，配（調）合などと変な用語が使われることになっている。

また，建築では鉄筋の表面とコンクリート表面の距離を「かぶり厚さ」とよび,「かぶり厚さ 30mm」などと示すが，土木ではこれを「かぶり」とよび,「かぶり 50mm」などと表記する。この場合は，土木の「かぶり」の表記は,「かぶり厚さ」と「かぶり部分」の両方の意味となるため，建築の用語に統一するべきである。ほかにも,「主筋」と「主鉄筋」と用語が異なり, 主（鉄）筋などと変な用語となるなど，気を遣った用語の表現がある。

微妙な違いであるから，現場での混乱はないが，それゆえに統一されていない。今後，両学会で統一されることを期待する。

3　本書における用語の使い方

本書では，異なる用語でも意味が同じであれば，あえて統一しないこととした。たとえば，現場では略して「生コン」とよばれるが，これを「生コンクリート」と表記する場合もあれば，正確に「レディーミクストコンクリート」と表記する場合もある。

用語の定義が必要な場合もあり，本書では次表のように用語を定義することとした。

表1　本書で用いる用語の定義

用　語（記号）	用　語　の　解　説
セメント	水と反応して，硬化する鉱物質の微粉末。一般にはポルトランドセメント，混合セメントなどをいう
セメントペースト	セメント，水および必要に応じて加える混和材料を構成材料とし，これらを練混ぜその他の方法によって混合したもの，または硬化させたもの
骨　材	モルタルまたはコンクリートをつくるために，セメントおよび水と練り混ぜる砂，砂利，砕砂，砕石，スラグ骨材，その他これらに類似する材料
細骨材	10mm ふるいを全部通り，5mm ふるいを質量で 85% 以上通る骨材
粗骨材	5mm ふるいに質量で 85% 以上とどまる骨材
モルタル	セメント，水，細骨材および必要に応じて加える混和材料を構成材料とし，これらを練混ぜその他の方法によって混合したもの，または硬化させたもの
コンクリート	セメント，水，細骨材，粗骨材および必要に応じて加える混和材料を構成材料とし，これらを練混ぜその他の方法によって混合したもの，または硬化させたもの
フレッシュコンクリート	まだ固まらない状態にあるコンクリート
レディーミクストコンクリート	整備されたコンクリート製造設備をもつ工場から，荷卸し地点における品質を指定して購入することができるフレッシュコンクリート
凝　結	セメントに水を加えて練り混ぜてから，ある時間を経た後，水和反応によって流動性を失い次第に硬くなる現象
硬　化	セメントが凝結した後，時間の経過に伴って硬さ，および強さが増進する現象
水和熱	セメントの水和反応に伴って発生する熱
粒　度	骨材の大小の粒の分布の状態
粗粒率	80mm，40mm，20mm，10mm，5mm，2.5mm，1.2mm，0.6mm，0.3mm および 0.15mm のふるいを用いてふるい分けを行った場合，各ふるいを通らない全部の試料の百分率（%）の和を 100 で除した値
微粒分量	骨材に含まれる 75 μm のふるいを通過する微粉末の量。一般には骨材の全質量に対する比率（%）で表わされる。
粗骨材の最大寸法	質量で骨材の 90% 以上が通るふるいのうち，最小寸法のふるいの呼び寸法で示される粗骨材の寸法
吸水率	表面乾燥飽水状態の骨材に含まれている全水量の，絶対乾燥状態の骨材質量に対する百分率（%）
混和材料	セメント，水，骨材以外の材料で，コンクリートなどに特別の性質を与えるために，打込みを行う前までに必要に応じて加える材料
混和剤	混和材料の中で，使用量が少なく，それ自体の容積がコンクリートなどの練上がり容積に算入されないもの
混和材	混和材料の中で，使用量が比較的多く，それ自体の容積がコンクリートなどの練上がり容積に算入されるもの
配合（調合）	コンクリートをつくるときの各材料の使用割合または使用量
設計基準強度	構造計算において基準とするコンクリートの強度（N/mm^2）

用　語（記号）	用　語　の　解　説
耐久設計基準強度	構造体および部材の計画供用期間の級に応じた耐久性を確保するために必要とするコンクリートの圧縮強度の基準値（N/mm^2）
調合管理強度	調合強度を定め，これを管理する場合の基準となる強度（N/mm^2）
配合（調合）強度	コンクリートの配合（調合）を決める場合に目標とする強度（N/mm^2）
呼び強度	JIS A 5308「レディーミクストコンクリート」に規定されるコンクリートの強度の区分
圧縮強度	コンクリート，モルタルなどの試験用の成形品である供試体が耐えられる最大圧縮荷重を，圧縮力に垂直な供試体の断面積で除した値（N/mm^2）
スランプ	フレッシュコンクリートの軟らかさの程度を示す指標の一つで，スランプコーンを引き上げた直後に測った頂部からの下がり（cm）で表わす。
スランプフロー	フレッシュコンクリートの流動性を示す指標の一つで，スランプコーンを引き上げた後の，試料の直径の広がり（cm）で表わす。
空気量	コンクリート中のセメントペーストまたはモルタル部分に含まれる空気泡の容積の，コンクリート全容積に対する百分率（%）
塩化物イオン量（Cl^-）	フレッシュコンクリートに含まれる塩化物イオンの量（kg/m^3）
水セメント比（W/C）	フレッシュコンクリートまたはフレッシュモルタルに含まれるセメントペースト中の水とセメントとの質量比。質量百分率（%）で表わされることが多い。
細骨材率（s/a）	コンクリート中の全骨材量に対する細骨材量の絶対容積比を百分率で表わした値（%）
単位量	コンクリート1m^3をつくるときに用いる各材料の使用量（kg/m^3）。単位セメント量（C），単位水量（W），単位粗骨材量（G），単位細骨材量（S），単位混和材量および単位混和剤量（A_d）がある。
単位容積質量	フレッシュコンクリートの単位容積当たりの質量（kg/m^3）
絶対容積	コンクリート1m^3（1,000 ℓ/m^3）中の各材料の容積を示したもの（ℓ/m^3）。材料の質量をそれぞれの材料の密度（g/cm^3）で除すことで算出できる。
密　度	セメント，混和材などの粉体の質量をその絶対容積で除した値（g/cm^3）
標準養生	温度を20±3℃に保った水中，湿砂中または飽和蒸気中で行うコンクリートの供試体の養生
水中養生	コンクリートを水中に浸せきして行う養生
作業性（ワーカビリティー）	材料分離を生ずることなく，運搬，打込み・締固め，仕上げなどの作業が容易にできる程度を表わすフレッシュコンクリートの性質
流動性（コンシステンシー）	フレッシュコンクリート，フレッシュモルタルおよびフレッシュペーストの変形または流動に対する抵抗性
粘　性（プラスチシティー）	容易に型枠に詰めることができ，型枠を取り去るとゆっくり形を変えるが，くずれたり，材料が分離することのないような，フレッシュコンクリートの性質
圧送性（ポンパビリティー）	コンクリートポンプによって，フレッシュコンクリートまたはフレッシュモルタルを圧送するときの圧送の難易性
1回の総打込み量（V）	現場で計画される1回のコンクリートの打込み量（m^3）

用　語（記号）	用　語　の　解　説
平均圧送量（Q_A）	現場で計画される 1 時間当たりのコンクリートの打込み量。1 回のコンクリートの圧送量（V）を全作業時間（T）で除した値（m^3/h）　$Q_A=\frac{V}{T}$
コンクリートの単位容積質量（W）	コンクリートの単位容積（$1m^3$）当たりの質量（t/m^3）。一般的に，普通コンクリート $2.35t/m^3$，軽量コンクリート 1 種 $2.1t/m^3$，高強度コンクリート $2.45t/m^3$
圧送高さ（H）	コンクリートポンプの設置場所から打込み箇所までの高さ（m）
乾燥収縮	硬化したコンクリートまたはモルタルが乾燥によって収縮する現象
中性化	硬化したコンクリートが空気中の炭酸ガスの作用を受けて次第にアルカリ性を失っていく現象
凍　害	凍結または凍結融解の作用によって，表面劣化，強度低下ひび割れ，ポップアウト（コンクリートの表面が薄い皿状にはがれる現象）などの劣化を生じる現象
塩　害	コンクリート中の塩化物イオンによって鋼材が腐食し，コンクリートにひび割れ，はく離，はく落などの損傷を生じさせる現象
アルカリ骨材反応	アルカリとの反応性をもつ骨材が，セメント，その他のアルカリ分と長期にわたって反応し，コンクリートに膨張ひび割れ，ポップアウトを生じさせる現象
材料分離	運搬中，打込み中または打込み後において，フレッシュコンクリートの構成材料の分布が不均一になる現象
ブリーディング	フレッシュコンクリートおよびフレッシュモルタルにおいて，固体材料の沈降または分離によって，練混ぜ水の一部が遊離して上昇する現象
レイタンス	コンクリートの打込み後，ブリーディングに伴い，内部の微細な粒子が浮上し，コンクリート表面に形成するぜい弱な物質の層
コールドジョイント	先に打ち込んだコンクリートと後から打ち込んだコンクリートとの間が，完全に一体化していない継目
豆　板	硬化したコンクリートの一部に粗骨材だけが集まってできた空隙の多い不均質な部分
エフロレッセンス	硬化したコンクリートの内部からひび割れなどを通じて表面に析出した白色の物質
SI 単位	国際単位系の略称で，フランス語の〔Système International d' Unites〕の頭文字をとったもの。SI の特徴は，化学・工業・教育・日常生活等あらゆる分野において共通的に使用されるところにある
元請業者	工事発注者と契約して直接に仕事を請け負う業者。 多くの場合は総合建設会社いわゆるゼネコンをさす
下請業者	元請契約の当事者である建設業者を注文者とする請負業者。職別，設備などの専門工事の一部分を担当する業者
工事管理者	工事現場を動かす責任者のこと。すなわち元請会社の職員のこと
均しコン	床付け後に，基礎や型枠の墨出し，型枠・鉄筋の受け台として設けるもの。捨てコンなどとよばれる
コン止め	工区を分けてコンクリートの打込みを行うときに，コンクリートを工区内にとどめ，工区外に漏れ出ないようにする資材

基礎知識編

1　建設一般

1.1　構造物の概要

1.1.1　構造物の種類

(1) 土木構造物

土木構造物とは，一部には民間事業者が発注者となる土木構造物もあるが，多くが国，地方自治体，公共団体や施設運営団体などが発注者となって公共サービスに供されるインフラストラクチャーを形成する構造物である。土木構造物を施設によって分類すれば，鉄道施設，道路施設，エネルギー施設（ガス，電力など），ダム・河川施設，治山施設，上下水道施設，港湾施設および空港施設などがあげられる。また，構造物の形態によって分類すれば，橋梁・高架橋，平面・曲面構造物，空間構造物および搭状構造物などがあげられる。一般に土木構造物は，建築構造物にくらべて規模が大きいものが多く，多岐にわたるさまざまな構造物が存在する。

(2) 建築構造物

建築構造物とは，建築基準法第２条における建築物に関する定義として，「土地に定着する工作物のうち，屋根及び柱若しくは壁を有するもの，これに附属する門若しくは塀，観覧のための工作物又は地下若しくは高架の工作物内に設ける事務所，店舗，興行場，倉庫その他これらに類する施設をいい，建築設備を含むもの」とされている。建築構造物は，個人，民間事業者および国，地方自治体，公共団体などさまざまな発注者と所有者がおり，個人の所有物から公共性の高いものまで多岐にわたる用途で構成される。また，物置のたぐいや戸建て住宅から超高層建築物までさまざまな用途や規模の建築構造物が存在する。

1.1.2　構造物の構造

(1)　構造材料による分類

(a)　木造（W 造）

木造とは，木質材料を柱や梁などの主要構造部に用いて構成された構造のことをいう。土木構造物では，古くは木造で橋梁，港湾施設や河川施設などが建設されたこともあったが，現代では使われることは少ない。一方，建築構造物では，戸建て住宅を中心に，大規模な構造物まで広範な用途に用いられる構造である。木造の建築構造物は，軸組式，壁式および大スパン構造に大別できる。このうち，最も汎用性が高く全国に普及しているのが，図1.1に示す在来軸組構法である。在来軸組構法は，木材を柱や梁などの形状に製材した部材を仕口・継手の加工と金物によって接合させて構造物の軸組を構成する構法である。また，壁や床にパネルを貼り付けて面剛性を高めた枠組壁工法（通称，ツーバイフォー工法）がある。

一方，エンジニアリングウッドといわれる木材の小片を接着剤によって接着して成形された構造用集成材の活用が進んでいる。構造用集成材は，無垢の木材の強度的な不安定性を抑制できる特長があるとともに，大断面で長大な部材のように部材寸法の自由度を高めることができる。このため，戸建て住宅のみならず，運動施設や教育施設のような大規模な構造物に適用する例が増えている。このほかにも構造用に用いられるエンジニアリングウッドは，木材の単板を繊維方向に平行に重ねて積層接着したLVL（Laminated Veneer Lumber，単板積層材），木材のひき板を繊維方向が直行するように重ねて積層接着したCLT（Cross Laminated Timber），繊維方向に細長い木片状に切削した木材の単板を積層接着したPSL（Parallel Strand Lumber）などがあり，これらを適用する建築構造物が増えつつある。

(b)　鉄筋コンクリート造（RC造）

鉄筋コンクリート造とは，コンクリートとこれに内在した鉄筋を一体化した部材により主要構造部を構成した構造のことをいう。鉄筋コンクリート造建築物の例を図1.2に示す。鉄筋コンクリート造部材は，建設現場でコンクリートを打ち込んで施工する現場打ちコンクリートと，後述するプレキャストコンクリートまたはプレストレストコンクリート部材を用いる場合，およびこれらを併用する場合に大別される。鉄筋コンクリート造では，鉄筋とコンクリー

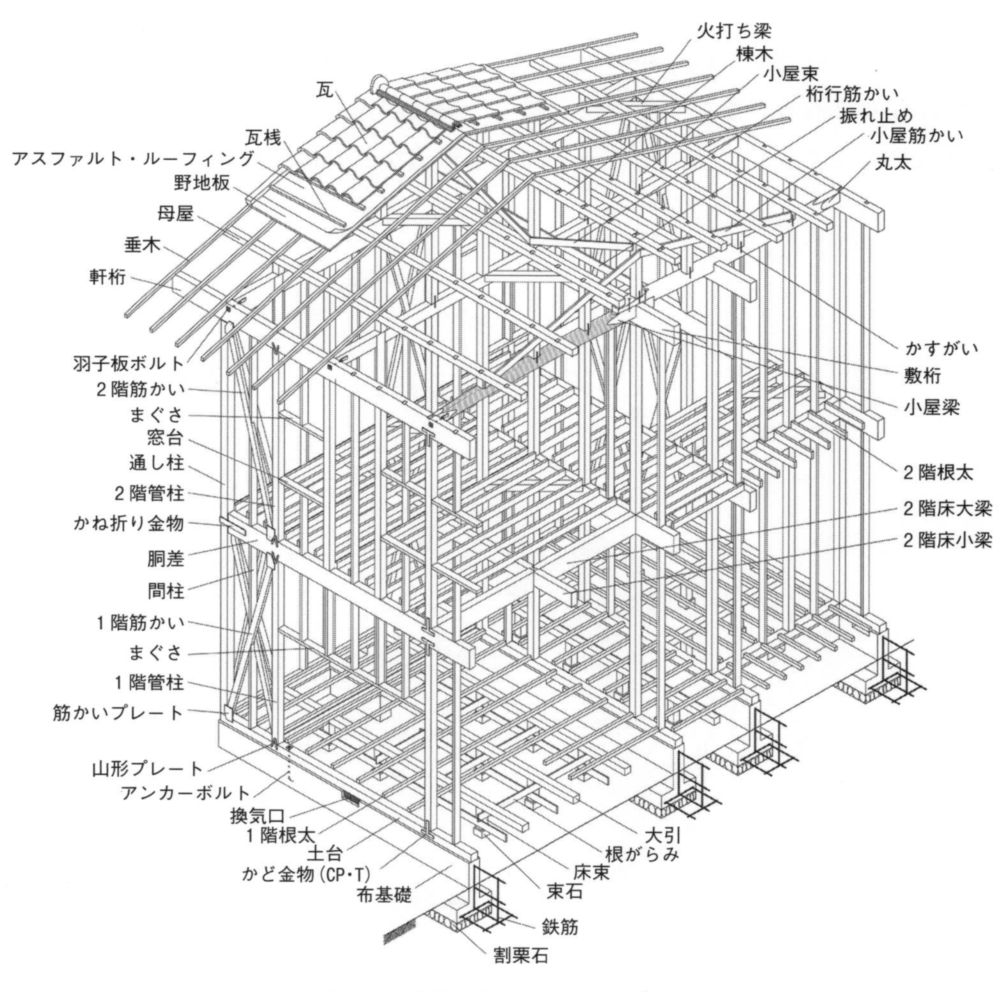

図1.1　木造在来軸組構法の例 [1)]

トが一体となって外力に抵抗するが，それぞれ以下のような役割を果たす。

1)　圧縮力と引張力の負担

コンクリートの引張強度は，圧縮強度の1/10～1/15程度と小さい。一方，鉄筋はコンクリートにくらべて引張強度が卓越する。そのため，圧縮力はコンクリート，引張力は鉄筋で負担する。なお，鉄筋量の多い場合には，鉄筋にも一部の圧縮力を負担させることができる。

2)　せん断力の負担

せん断力は，コンクリートと鉄筋で負担する。この鉄筋は，せん断補強筋といい，柱では帯筋(フープ筋)，梁ではあばら筋(スターラップ）といった主（鉄）筋の周囲に配筋されるものである。また，主（鉄）筋とせん断補強筋によってコンクリートを拘束することで耐力と靱性(じんせい)が向上する効果がある。

3)　鉄筋をコンクリートで覆う効果

コンクリートは，強アルカリ性を有しており，これが保持されていれば鉄筋腐食を抑制する。また，鉄筋に対するコンクリートのかぶり厚さを確保することによって，外部から浸透する劣化因子が鉄筋まで到達することを抑制する。一方，火災が生じた際に熱に弱い鉄筋をコンクリートが保護する効果もある。

(c)　鉄骨造（S造）

鉄骨造とは，鉄骨部材を柱や梁などの主要構造部に用いて構成された構造のことをいい，鋼構造ともいう。土木構造物では，橋梁が代表的であり，アーチ構造やトラス構造などの構造形式によって長大なスパン

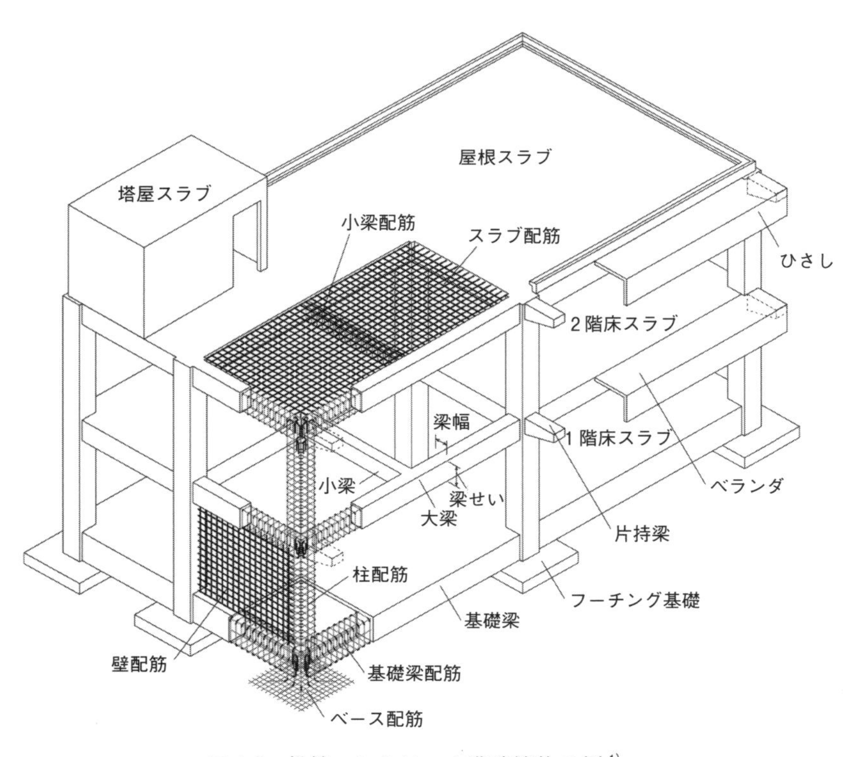

図1.2　鉄筋コンクリート造建築物の例[1)]

の構造物をつくることができる。一方，建築構造物では，戸建て住宅，オフィスビルや工場などを中心にさまざまな用途に多用されており，汎用性の高い構造である。鉄骨造建築物の例を図 1.3 に示す。一般的な鉄骨造の建築物では，鉄筋コンクリート造の基礎に設置した鉄骨の柱に梁を接合して軸組を構成し，床にはデッキプレートを下地としてその上面に打ち込んだコンクリートと一体化を図った合成構造とするか，プレキャストコンクリート版や ALC 版などが用いられる。

(d) プレキャストコンクリート構造（PCa 構造）

プレキャストコンクリート構造とは，構造体のほとんどまたは一部をプレキャストコンクリートにより構成する構造のことをいい，部材をあらかじめ集中的に製造し，現場作業をシステム化することで，省力化や合理化を図ることができる。プレキャストコンクリートとは，あらかじめ成形されたコンクリート部材のことをいい，工場または建設現場で製造されるものがある。

プレキャストコンクリート構造は，基礎を除くすべての部材をプレキャストコンクリートとする構法（フル PCa 構法という）と，柱，梁，床，階段およびバルコニーなどの一部の部材をプレキャストコンクリートとして現場打ちコンクリートと併用して構成する構法（ハーフ PCa 構法という）に大別される。

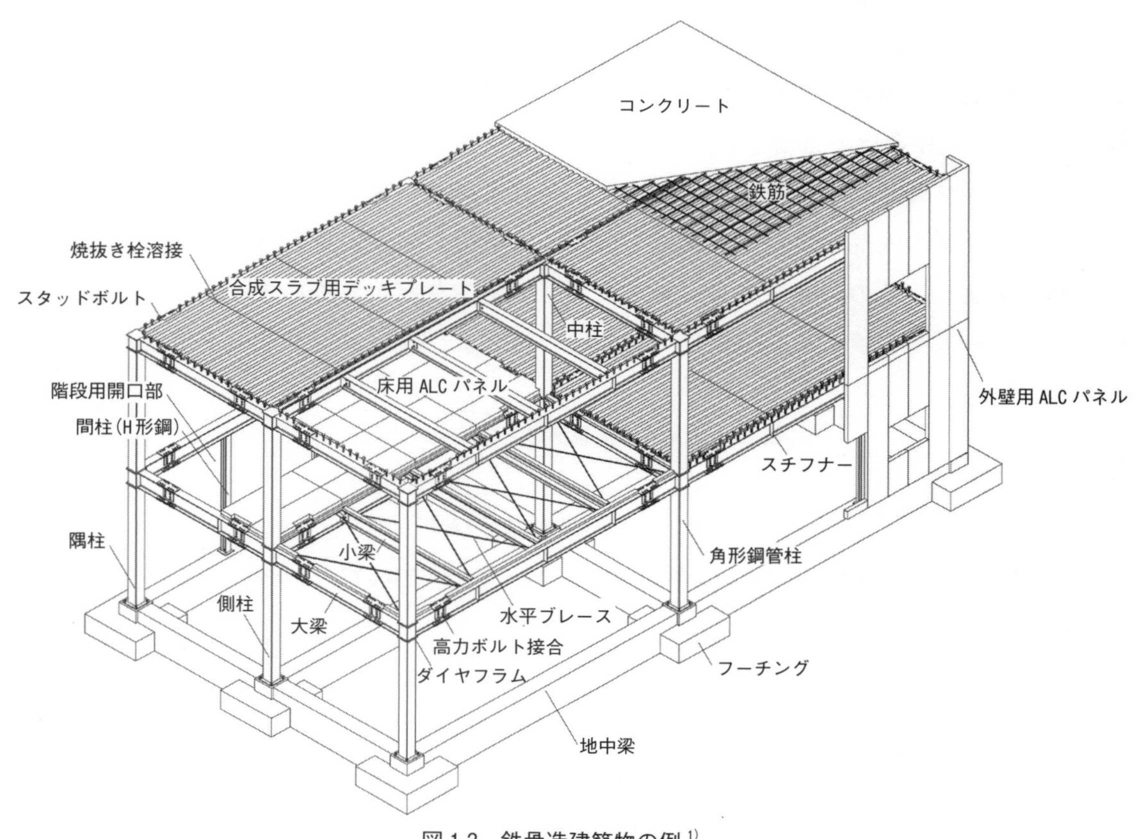

図 1.3　鉄骨造建築物の例 [1]

(e) プレストレストコンクリート構造(PC構造)

プレストレストコンクリート構造とは，部材の内部に設置した鋼線（PC鋼より線など）を用いてあらかじめコンクリートに圧縮力を導入することにより耐力を向上させた部材を用いて構成された構造のことをいう。プレストレストコンクリート部材は，工場または現場打ちコンクリートによって製造されるものがある。プレストレストコンクリート構造は，長大なスパンを構成することに適しており，橋梁やスパンの大きい建築構造物に用いられる。

(f) 補強コンクリートブロック造(CB造)

補強コンクリートブロック造とは，コンクリートブロックを積み上げた壁と，鉄筋コンクリート造の床および壁の頂部に設置された臥梁(がりょう)により構成された構造のことをいい，比較的小規模な構造物に用いられる構造である。CB造は，基礎と臥梁の間にコンクリートブロックを積み上げ，コンクリートブロックの内部の空洞部に縦横方向に鉄筋を配筋し，その周囲をモルタルまたはコンクリートを充填する。屋根については，鉄筋コンクリート造もしくは木造でつくられることが一般的である。

(g) 複合構造

複合構造とは，複数の構造材料を組み合わせて一つの部材とした合成構造と，異なる種類の構造材料で作製された部材を接合して一つの構造体とした混合構造の総称である。おもな合成構造および複合構造の例を表1.1に示す。複合構造は，それぞれの構造材料の特長を活かして短所を補完し，構造性能，施工性，耐火性および防振性などの各種性能を向上させることができる。

(2) 構造形式による分類

構造形式の概要を図1.4に示す。以下，それぞれの構造形式について概説する。

(a) ラーメン構造

ラーメン構造とは，柱や梁などの部材の接合部を応力が伝達するように剛接合とした構造のことをいう。ラーメン構造の主要な構造形式には，柱および梁のみで構成される純ラーメン構造，壁を含む有壁ラーメン構造，筋かいを設けた筋かい付きラーメン構造などがある。ラーメン構造は，鉄骨造および鉄筋コンクリート造など，幅広く

表1.1　おもな合成構造および混合構造の例

構造		特徴
合成構造	鉄骨鉄筋コンクリート造(SRC造)	鉄筋コンクリート部材の内部に鉄骨を配置した構造
	コンクリート充填鋼管構造(CFT造)	円形または角形の鋼管内にコンクリートを充填して柱にする構造。鋼管の拘束効果により耐力を向上できる。
	鋼・コンクリート合成桁	鋼桁と鉄筋コンクリート造床版を，スタッドやジベルなどのずれ止めを介して接合する構造
	鋼・コンクリート合成床版	底板の鋼板とその上面に打ち込んだコンクリートを，スタッドやジベルなどのずれ止めを介して一体化する構造
混合構造	梁部材と柱部材の混合構造	柱部材を鉄筋コンクリート造，鉄骨鉄筋コンクリート造およびコンクリート充填鋼管構造などとして，梁部材に鋼構造やプレストレストコンクリート構造などを用いた構造
	梁部材同士の混合構造	梁部材の一部に鋼構造を用い，他の部材を鉄筋コンクリート造やプレストレストコンクリート構造とした構造

用いられる構造形式である。

(b) 壁構造

壁構造とは，壁，臥梁（がりょう）および床により構成され，柱のない構造のことをいう。壁構造は，鉄筋コンクリート造およびプレキャストコンクリート造などに用いられることの多い構造形式である。壁構造とした鉄筋コンクリート造の建築物は，構造性能には優れているものの，建築基準法では階数を5階以下，軒の高さを20m以下および階高（下階の床版の上面から上階の床版の上面までの距離）を3.5m以下とすることに加え，耐力壁の必要長さから開口部の位置が制限されるなど，ラーメン構造にくらべて設計上の制約が多い。

(c) フラットスラブ構造

フラットスラブ構造とは，梁がなく，厚い床を柱で支持する構造のことをいい，柱と床の剛性を高めるために柱頭に支板を設けて補強する形式がある。フラットスラブ構造は，梁を設けないことにより空間を広く活用することができるため，倉庫や工場などに適用されることが多い一方，集合住宅に適用される場合もある。

(d) トラス構造

トラス構造とは，部材の接合部をモーメントが伝達しないピン接合とした骨組構造で，三角形を基本単位とした形状の構造のことをいう。構成部材には，曲げモーメントは生じず，圧縮力または引張力が作用する。トラス構造は，橋梁や大スパンを構成する梁部材として用いられ，鉄骨造やプレストレストコンクリート構造とすることが多い。

(e) アーチ構造

アーチ構造とは，部材を円弧状または折れ線状に連結して構成する構造のことをいい，部材には圧縮力が作用する。アーチ構

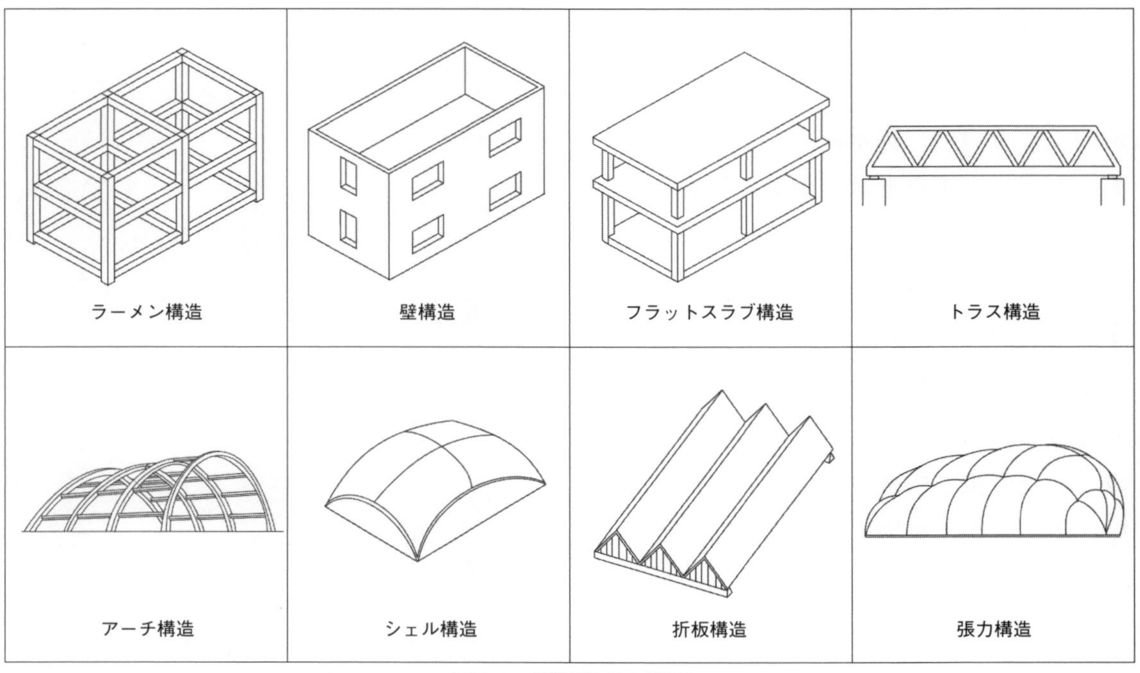

図 1.4　構造形式の概要

造は，古くはレンガ造や石造の構造物に用いられてきたが，現代では橋梁や大スパンを有する構造物などに用いられる。アーチ式コンクリートダムは，水平方向からの水圧の作用をダム両側の岩盤に圧縮力として伝達するアーチ構造の一つである。

(f) シェル構造

シェル構造とは，薄い曲面板を外殻として用いた構造のことをいう。シェルとは，貝殻のことをさす。シェル構造は，構造物の内部空間において柱を設けずに広い平面を構成できることから，運動施設や展示場などに適用されることが多い。

(g) 折板構造

折板構造とは，平板を相互に角度をもたせながら接続して立体的な空間を構成する構造のことをいう。折板構造は，シェル構造と同様に柱のない広い空間をつくることができる。

(h) 張力構造

張力構造とは，ケーブル構造および膜構造に大別でき，引張力によって成立する構造のことをいい，軽量にできる点に特長がある。ケーブル構造は，橋梁に用いられることが多く，長大なスパンを構成できる。

膜構造とは，膜材料を用いて屋根を形成する構造のことをいう。膜構造には，鉄骨造やその他の部材を骨格として膜材料を張り付ける骨組膜構造と，膜材料を用いて形成された屋根を内部空間に導入された空気圧によって張力を導入して空間を構成する空気膜構造がある。

1.2 鉄筋コンクリート工事に関係する工種の概要

鉄筋コンクリート工事は，仮設工事，鉄筋工事，型枠工事およびコンクリート工事によって成り立っている。以下，それぞれの工事の概要について示す。なお，コンクリート工事については，次章以降を参照されたい。

1.2.1 仮設工事

(1) 仮設工事の概要

仮設工事は，本設構造物を構築する過程において必要となる一時的に設ける仮設構造物を構築する施工のことを指す。この仮設構造物は，写真 1.1 に示すように，仮囲い，ゲート，仮設通路，仮設事務所などの共通仮設にはじまり，山留め構造物，乗入

写真 1.1 仮設構造物の例

れ構台，揚重・運搬設備および内・外部足場など多岐にわたっており，仮設構造物の良否と本設構造物の品質とは密接な関係がある。仮設構造物に求められる性能は，本設構造物を構築するのに必要な要件を具備していることに加え，周辺環境の保全，施工における安全性と経済性も兼ね備えたものでなければならない。仮設構造物における安全性は，構造物そのもののみならず，工事や作業における個々の労働者の安全確保へも直結するものである。一方，仮設構造物は，本設構造物を施工するために設けられる仮の構造物であるから，その施工に伴う経済性も重要である。また，労働安全衛生法関連の法規を中心とした仮設工事に関わる各種の法令を遵守して施工する必要がある。

以上を踏まえて，施工者は施工の初期段階において，全工事期間にわたり必要となる仮設工事を集約した図 1.5 に示す総合仮設計画を作成し，これにもとづいて施工する。

(2) 足場工事

足場工事の種類は，本設構造物の内外における使用部位によって，内部足場および外部足場に分けられる。内部足場は，本設構造物内部の床から直接手の届かない高さの部位を施工するのに用いられ，おもに内装工事や設備工事などに使用される。外部足場は，躯体工事，外装工事および設備工事などに用いられ，本設構造部の外部に設けられる足場である。一方，工法の種類は，枠組足場，単管足場，くさび式足場，張出し足場，つり枠足場およびつり棚足場などに分類される。ここでは，構造物の規模や用途を問わず使用頻度の高い枠組足場および単管足場について以下に概説する。

(a) 枠組足場

枠組足場の例を図 1.6 に示す。枠組足場は，建枠（ビティ），床付き布枠（アンチ），

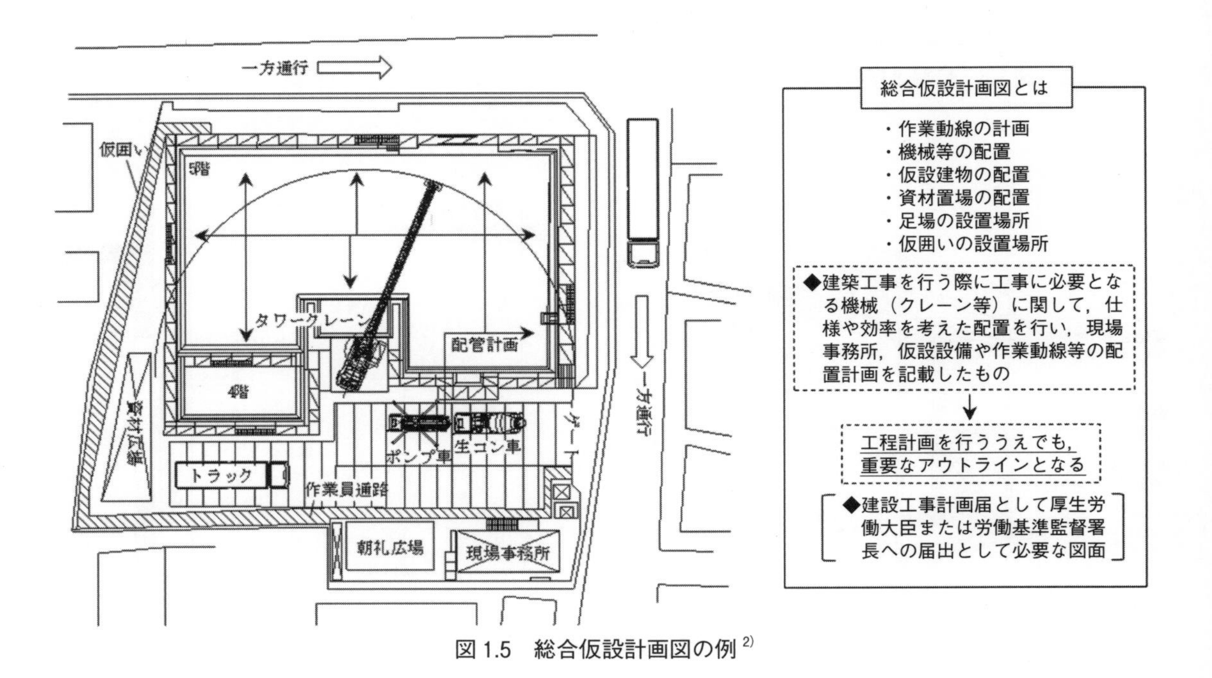

図 1.5　総合仮設計画図の例 [2)]

交差筋かい（ブレース），ジャッキ型ベース金具および壁つなぎなどによって構成される。この構成部材は，既製品でユニット化されており，組立ておよび解体が容易なことに加え，軽量で強度も高いことから使用頻度が高い。建枠1スパン当たりの積載荷重の限度は，建枠のスパンが1,200mmで500kgf，900mmで400kgfとなる。

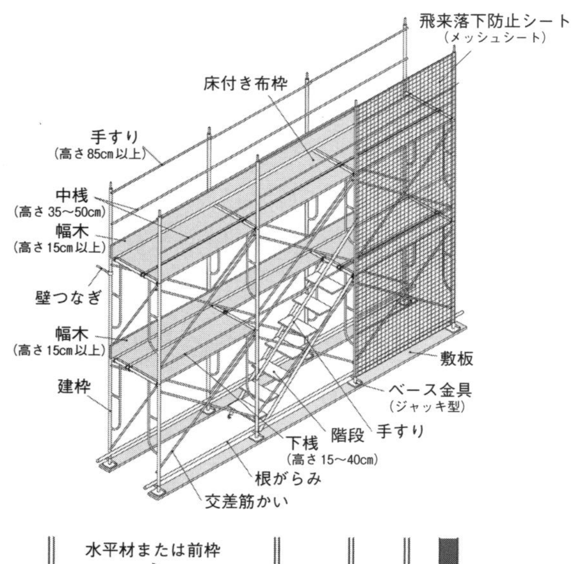

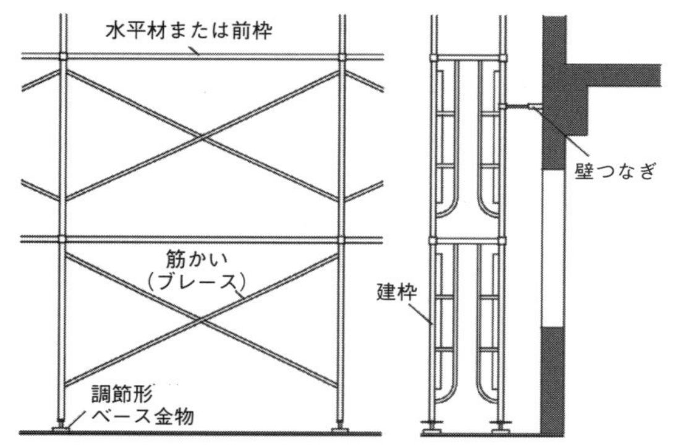

図1.6　枠組足場の例 1)，2)

(b)　単管足場

単管足場の例を図1.7に示す。単管足場は，鋼管（単管パイプ），緊結金具（クランプ）および作業床となる布材で構成される。単管足場の組立ておよび解体は，枠組足場にくらべて手間を要するが枠組足場を設置できない不整形な場所や小規模の構造物などに用いられることが多い。建地1スパン当たりの積載荷重の限度は，400kgfであり，建地の間隔は桁行方向で1.85m以下，梁間方向で1.5m以下とする。なお，足場の高さが一定以上になると倒壊の危険がある

表1.2　枠組足場および単管足場における
壁つなぎの間隔

鋼管足場の種類	間　隔	
	垂直方向	水平方向
枠組足場（高さが5m未満のものを除く）	9m	8m
単管足場	5m	5.5m

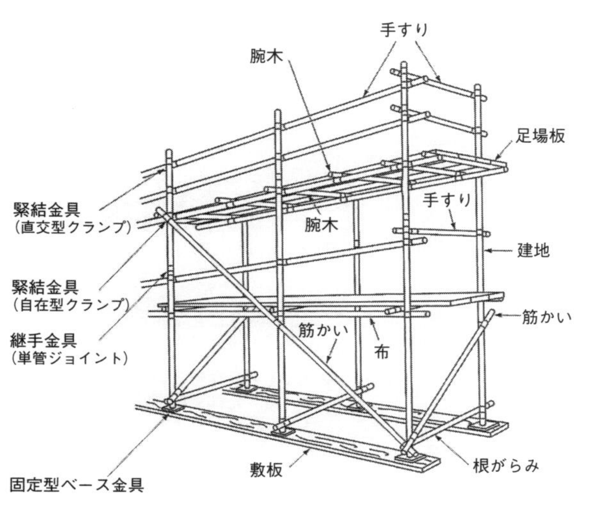

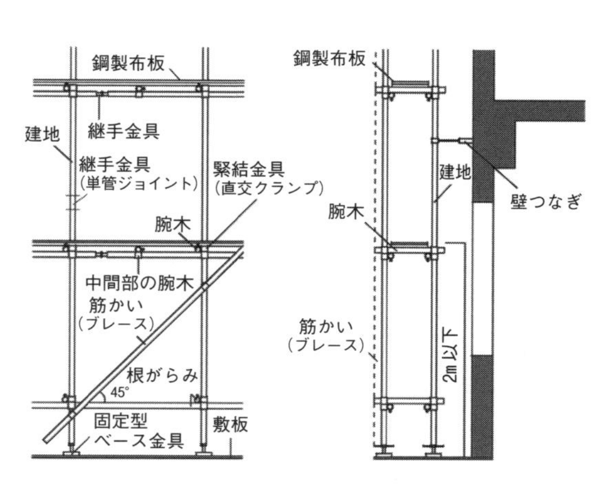

図1.7　単管足場の例 2)，3)

ため，表 1.2 に示すように本設構造物の躯体に一定間隔で緊結（壁つなぎ）する必要がある。

1.2.2　鉄筋工事

(1)　鉄筋工事の概要

鉄筋コンクリート造構造物は，鉄筋とコンクリートの複合体である。コンクリートは，圧縮方向の力に強く引張方向の力に弱い性質がある一方で，鉄筋は引張方向の力が強い。このため，それぞれの特長を活かして，部材に作用する圧縮力をコンクリート，引張り力を鉄筋でそれぞれ負担する形式で，両者が一体となってはじめて所要の構造性能を発揮する。コンクリート中の鉄筋は，引張力の生じる部分，すなわち曲げモーメントとせん断力が作用する部分に配置するのが基本となる。配筋が所要の性能を発揮するためには，設計図書通りに正確に配筋されていることに加え，①鉄筋とコンクリートの一体性の確保，②耐火性および耐久性が確保されるかぶり厚さの確保，③鉄筋とコンクリートの付着力の確保が重要となる。このため，コンクリートを打ち込む際には，配筋を動かしたり，鉄筋とコンクリートとの付着を妨げることのないように特に注意して施工することが肝要である。

(2)　鉄筋の種類

鉄筋の種類には，丸鋼（図 1.8(a)）と異形棒鋼（図 1.8(b)）があり，現在ではほぼ異形棒鋼のみが使われる。この異形棒鋼は，通称異形鉄筋と呼ばれる。鉄筋は，JIS 規格品（JIS G 3112：鉄筋コンクリート用棒鋼）またはこれに相当する品質のものを使用する。鋼材の呼び名の例を図 1.9 に示す。S は鋼材（Steel），R は丸（Round），D は異形（Deformed）の略で，SR は丸鋼，SD は異形棒鋼を表わしている。295 や 345 など数値は図 1.10 に示す鋼材の降伏点を表わしており，数値の大きい方が引張強度が高いことを意味する。また，D は異形鉄筋の略称で，10 や 32 などの数値は呼び径を表わしており，壁や床などには D10 もしくは D13 を使用することが多く，梁や柱などの大きな構造耐力を負担する部材の主（鉄）筋には D19 程度以上を使うことが多い。

(3)　鉄筋の使用部位による名称

鉄筋は，負担する荷重によって柱・床ス

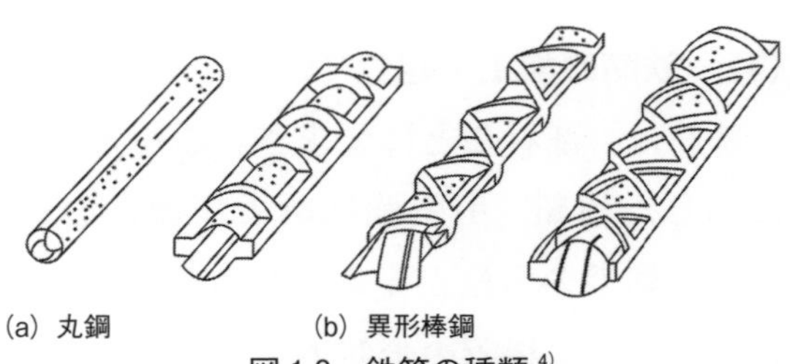

図 1.8　鉄筋の種類 [4)]

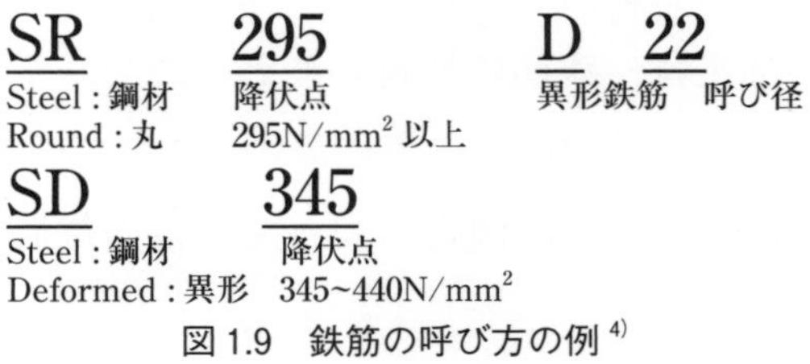

SR　295　D　22
Steel：鋼材　降伏点　異形鉄筋　呼び径
Round：丸　295N/mm² 以上

SD　345
Steel：鋼材　降伏点
Deformed：異形　345~440N/mm²

図 1.9　鉄筋の呼び方の例 [4)]

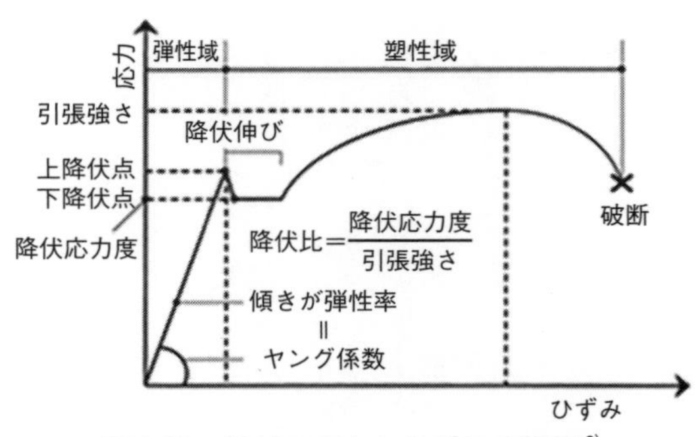

図 1.10　鋼材の応力とひずみの関係 [2)]

ラブ・梁などに生じる軸方向力・曲げモーメント・せん断力などに抵抗させるための主（鉄）筋と，主（鉄）筋に対して均等に応力を分散させて伝達するために，主鉄筋に直角に交差させて配置する配力筋とに分けられる。鉄筋の部位による名称を以下に示す。

①基礎：ベース筋・ベース斜め筋・柱筋・配力筋・はかま筋（補強筋）

②柱：柱筋・フープ筋（補強筋）

③梁：上端筋・下端筋・トップ筋・スターラップ筋・腹筋（補強筋）

④壁：縦筋・横筋・幅とめ筋・補強縦筋・補強横筋・補強斜め筋

⑤床スラブ：上端筋・下端筋・引通し筋・折曲げ筋

(4)　鉄筋の加工・組立て

鉄筋は，部材ごとに要求される構造耐力に応じた種類，引張強度および径に加え，定着・継手の方法が定められるが，それらにもとづいて種々の形状および長さに加工する必要がある。鉄筋の折曲げや切断などの加工は，鉄筋の性質が変わるため，常温で行う（冷間加工）ことが原則とされている。

鉄筋は，設計図書に従って所定の位置に正しく配筋し，コンクリートの打込み完了まで移動しないよう堅固に組み立てる。鉄筋の組立ては，加工された1本ずつの鉄筋を部材の位置において組み立てる方法と，鉄筋加工工場または現場内の組立てヤードにおいて先組した後に所定の位置に配筋する方法の2種類がある。後者のことを先組鉄筋という。なお，鉄筋相互の結束には，通常，0.8mm 程度のなまし鉄線を使用し，使用部位に応じて所定の位置を結束する。この結束箇所については，組立て作業やコンクリートの打込み時など配筋上で作業する際に切断しないように注意する。

(5)　鉄筋のあき・間隔・かぶり厚さ

(a)　鉄筋のあき・間隔

鉄筋のあき・間隔を図1.11に示す。鉄筋相互のあきと間隔の確保は，コンクリートを打ち込む際に粗骨材が通過し構成材料が均一なコンクリートとなることに加え，鉄筋とコンクリートの一体性を保持するために不可欠である。

鉄筋のあきは，異形鉄筋では呼び名の数値の1.5倍以上，丸鋼では鉄筋径の数値の1.5倍以上で，打ち込まれるコンクリートの粗骨材の最大寸法の1.25倍以上，25mm

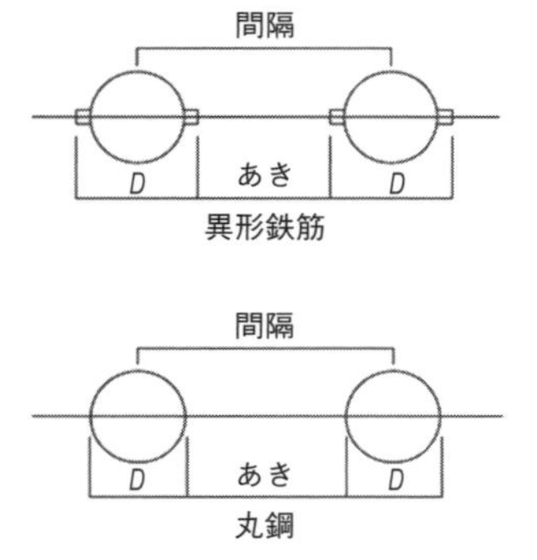

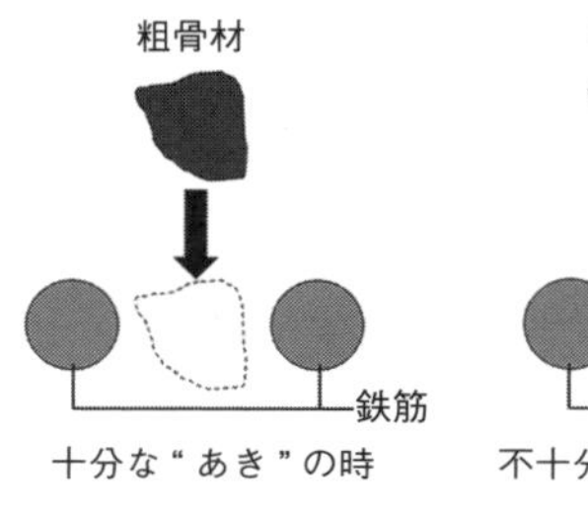

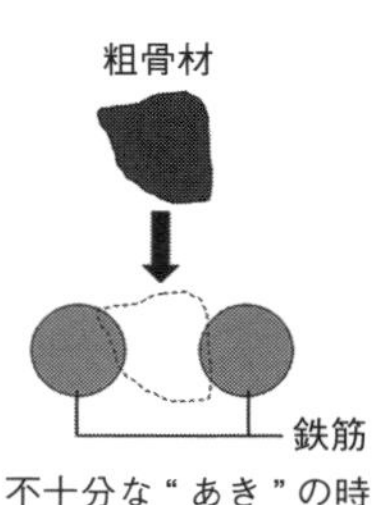

図1.11　鉄筋のあき・間隔 2)

以上のうち，大きいほうの数値とする。

鉄筋の間隔は，異形鉄筋では呼び名の数値の1.5倍＋最外形，粗骨材最大寸法の1.25倍＋最外形，25mm＋最外形のうち，最も大きい数値以上とする。丸鋼では，鉄筋径の2.5倍，粗骨材最大寸法の1.25倍＋鉄筋径，25mm＋鉄筋径のうち，最も大きい数値以上とする。

(b) 鉄筋のかぶり厚さ

鉄筋コンクリートは，所要の耐火性・耐久性（錆（さび）の防止）・構造耐力（鉄筋の付着力）が得られるように鉄筋をコンクリートで包んでおく必要がある。これを鉄筋のかぶりといい，部材に応じてそのかぶり厚さが決められている。

鉄筋のかぶり厚さの定義を図1.12に示す。また，日本建築学会『建築工事標準仕様書・同解説 JASS 5 鉄筋コンクリート工事』に定められる設計かぶり厚さを表1.3に示す。日本建築学会では，建築基準法施行令で定めるかぶり厚さの最小値に対して，鉄筋および加工・組立ての際のばらつきや，コンクリートの打込み・締固めの際の鉄筋・型枠の変形・移動によるずれなどが生じても最小かぶり厚さが確保できるよう，部位・部材ごとに割増した設計かぶり厚さを定めている。

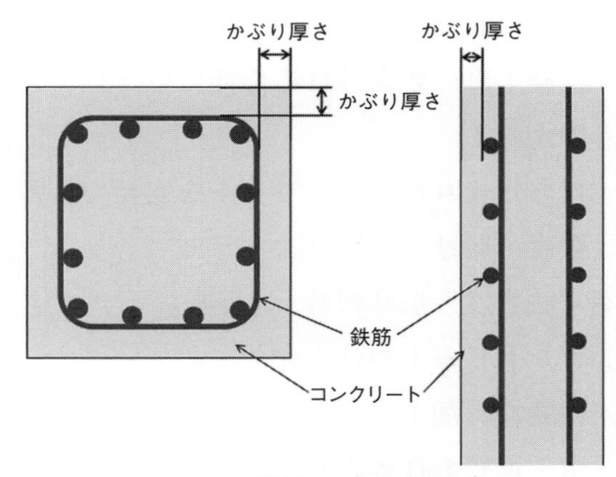

図1.12　鉄筋のかぶり厚さ[4)]

1.2.3 型枠工事

(1) 型枠工事の概要

型枠工事は，コンクリートを型取るための鋳型の役目を果たす。一方で，打ち込んだコンクリートが硬化した後には取り外され，本設構造物には残らないため仮設工事

表1.3　設計かぶり厚さ[5)]

単位（mm）

部材の種類		短期	標準・長期		超長期	
		屋内・屋外	屋内	屋外[(2)]	屋内	屋外[(2)]
構造部材	柱・梁・耐力壁	40	40	50	40	50
	床スラブ・屋根スラブ	30	30	40	40	50
非構造部材	構造部材と同等の耐久性を要求する部材	30	30	40	40	50
	計画供用期間中に維持保全を行う部材[(1)]	30	30	40	(30)	(40)
直接土に接する柱・梁・壁・床および布基礎の立上り部分		50				
基　礎		70				

［注］(1)　計画供用期間の級が超長期で計画供用期間長に維持保全を行う部材では，維持保全の周期に応じて定める。
(2)　計画供用期間の級が標準および長期で，耐久性上有効な仕上げを施す場合は，屋外側では，最小かぶり厚さを10mm減じることができる。

としての側面をもつ。

型枠工事に要求される性能には，以下のものがある。

①打ち込まれたコンクリートを支持できる強度・剛性

②寸法精度・形状保持

③コンクリートの仕上がり

④作業性（加工，組立て，取外しおよび揚重・運搬の作業のしやすさ）

⑤安全性

⑥経済性

(2) 型枠の構成材料

型枠の構成材料は，せき板とこれを補強する材料（支保工）に分けられ，これらを総称して型枠支保工という。せき板にコンクリート用型枠合板を用いた在来型枠工法による組立ての例を図 1.13 に示す。型枠支保工は，壁や柱のような鉛直部材と床や梁のような水平部材に分けて捉えることができる。鉛直部材では，写真 1.2 に示すようにセパレータ，コーンを締付金物（フォー

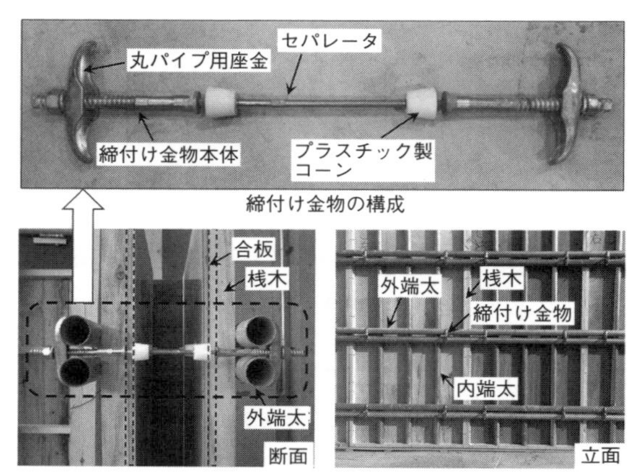

写真 1.2　鉛直部材における締付け金物の構成例

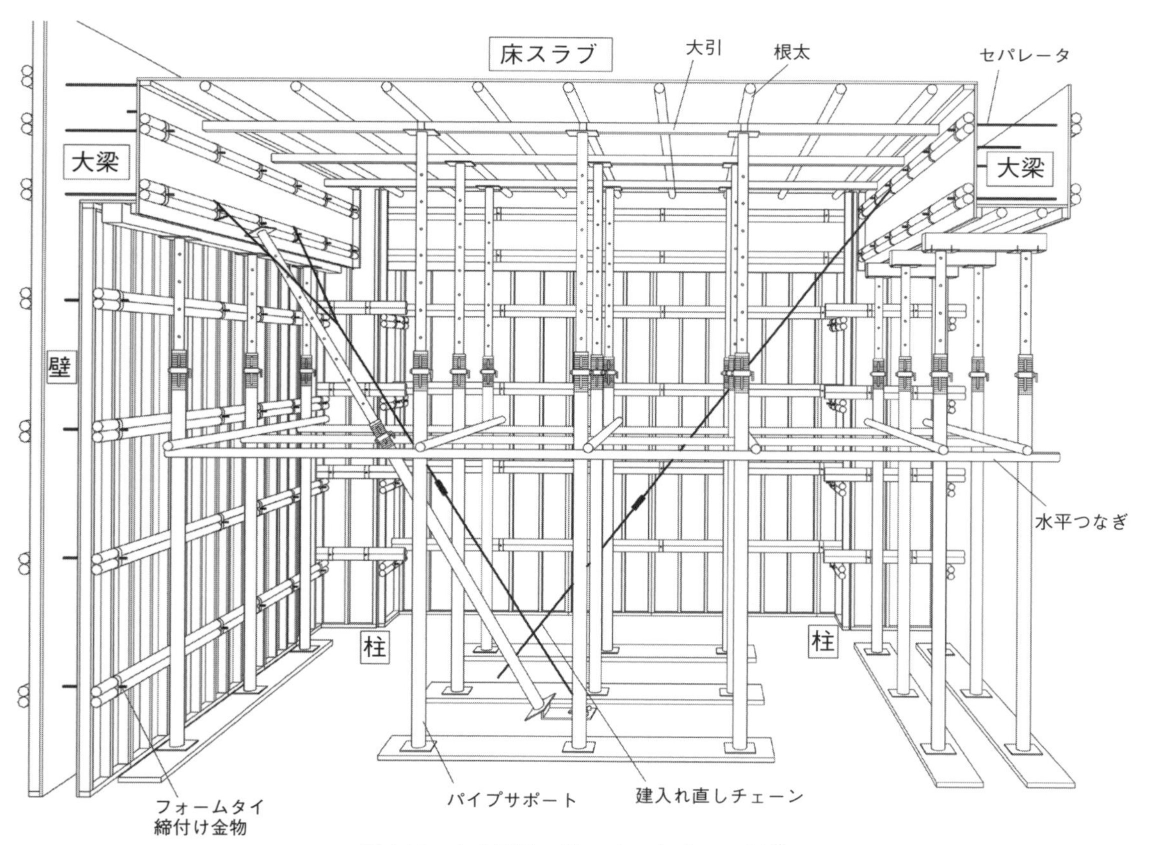

図 1.13　在来型枠工法による組立ての例 [1)]

ムタイ）で緊結し，型枠の外側に設置した鋼管（単管パイプ）で支持する。水平部材では，根太および大引を介して，支柱（パイプサポート）で鉛直荷重を支える。

(3) 型枠に作用する荷重

コンクリートを打ち込む際には，コンクリートの自重によって，鉛直部材の側面方向に働く側圧が生じ，水平部材には重力方向に鉛直力が生じる。側圧は，棒形振動機（バイブレータ）による振動，コンクリートの打込み高さや打込み速度に比例して大きくなるため，コンクリートの打込み中はつねに型枠の変形や損壊が生じないよう配慮することが重要である。

このほかにも，鉄筋，型枠，作業員，建設機械および各種資材による鉛直荷重に加え，風圧やコンクリートの打込み時の偏心荷重や，建設機械の稼働などで生じる水平荷重が作用する。このため，それぞれに作用する荷重に対して，変形や倒壊のないように施工することが求められる。

(4) せき板の存置期間

型枠の存置期間とは，コンクリートの打込み後に型枠をそのまま取り付けておく期間のことである。コンクリートは，打込み後の養生条件により硬化コンクリートの品質に大きく影響する。そのため，所定の期間，型枠を存置しておく必要がある。

日本建築学会『建築工事標準仕様書 JASS 5 鉄筋コンクリート工事』に定める型枠（せき板）の存置期間を表1.4および表1.5に示す。型枠の存置期間は，コンクリートの圧縮強度による場合（表1.4）と，平均気温とコンクリートの種類による場合（表1.5）との2つの規定がある。なお，スラブ下や梁下などの水平部材は，早期に脱型すると下方へたわむ場合があるため，コンクリートが設計基準強度以上の強度となってから取り外す。一般には，3～4週間程度が必要となり，その間に支柱（パイ

表1.4　せき板の存置期間を定めるためのコンクリートの圧縮強度

種　類	期　間	圧縮強度	
		梁，柱，壁	スラブ下，梁下
普通コンクリート $18 \leqq F_C \leqq 36$	短期・標準	5N/mm^2	圧縮強度≧部材の F_C （F_C：設計基準強度）*
	長期・超長期	10N/mm^2	
高強度コンクリート $36 < F_C$	—	8N/mm^2	

*この条件より速く型枠を外したいときは，支保工の取外し後に部材にかかる荷重を算出し，圧縮強度が設計基準強度（F_C）を上回ることを確認する。ただし，最低12N/mm^{2}以上を確保すること。

表1.5　基礎・梁側・柱およびせき板の存置期間を定めるためのコンクリートの材齢[6)]

セメントの種類／平均気温	コンクリートの材齢		
	早強ポルトランドセメント	普通ポルトランドセメント 高炉セメントA種 シリカセメントA種 フライアッシュセメントA種	高炉セメントB種 シリカセメントB種 フライアッシュセメントB種
20℃以上	2日	4日	5日
20℃未満 10℃以上	3日	6日	8日

プサポート）に衝撃を加えること，取り外すことや位置をずらすことを避けなければならない。

1.3 施工に関する法令および指針類の概要

1.3.1 関係法令

(1) 建設業許可に関する法令

工事施工者は，軽微な建設工事を除いて，建設工事の完成を請け負うことを営業するには，その工事が公共工事であるか民間工事であるかを問わず，建設業法第3条にもとづき建設業の許可を受ける必要がある。ここでいう軽微な建設工事とは，以下の工事を指す。

①建築一式工事については，工事1件の請負代金の額が1,500万円未満の工事または延べ面積が150m^{2}未満の木造住宅工事

②建築一式工事以外の建設工事については，工事1件の請負代金の額が500万円未満の工事

軽微な建設工事以外を対象に建設業を営もうとするときには，営業所を設ける地域と請け負った工事代金によって以下に示す区分に従って許可を得る必要がある。

(a) 営業所を設ける地域による区分

①2以上の都道府県の区域内に営業所を設けて営業しようとする場合…国土交通大臣の許可

②1つの都道府県の区域内のみに営業所を設けて営業しようとする場合…都道府県知事の許可

なお，大臣許可と知事許可の区別は，営業所の所在地によるもので，工事を請け負える地域の制限はない。

たとえば，東京都知事の許可の工事施工者であっても全国で工事を行うことができる。

(b) 工事代金による区分

①発注者から直接請け負った1件の工事代金について，4,000万円（建築工事業の場合は6,000万円）以上となる下請契約

表1.6 建設工事の許可業種

	工事の名称	許可業種の名称
一式工事	土木一式工事	土木工事業
	建築一式工事	建築工事業
専門工事	大工工事	大工工事業
	左官工事	左官工事業
	とび・土工・コンクリート工事	とび・土工工事業
	石工事	石工事業
	屋根工事	屋根工事業
	電気工事	電気工事業
	管工事	管工事業
	タイル・れんが・ブロック工事	タイル・れんが・ブロック工事業
	鋼構造物工事	鋼構造物工事業
	鉄筋工事	鉄筋工事業
	舗装工事	舗装工事業
	しゅんせつ工事	しゅんせつ工事業
	板金工事	板金工事業
	ガラス工事	ガラス工事業
	塗装工事	塗装工事業
	防水工事	防水工事業
	内装仕上工事	内装仕上工事業
	機械器具設置工事	機械器具設置工事業
	熱絶縁工事	熱絶縁工事業
	電気通信工事	電気通信工事業
	造園工事	造園工事業
	さく井工事	さく井工事業
	建具工事	建具工事業
	水道施設工事	水道施設工事業
	消防施設工事	消防施設工事業
	清掃施設工事	清掃施設工事業
	解体工事	解体工事業

を締結する場合…特定建設業の許可
②特定建設業以外…一般建設業の許可

(c) 工種による区分

建設工事は，表1.6に示すように土木一式工事および建築一式工事の2つの一式工事のほか，27の専門工事の計29の種類に分類されており，この建設工事の種類ごとに許可を取得することとされている。コンクリートの打込み・締固めを行う業者の許可業種の区分は，表1.7に示すように「とび・土工工事業」に分類される。

許可を取得するにあたっては，営業しようとする業種ごとに取得する必要があるが，同時に2つ以上の業種の許可を取得することもでき，また，現在取得している許可業種とは別の業種を追加して取得することもできる。なお，建設業許可の有効期間は5年間である。このため，5年ごとに更新を受けなければ許可は失効する。

(d) 専任技術者の設置

工事業の許可を得る場合には，営業所ごとに許可を受けようとする建設業に関して，一定の資格または経験を有した者（専任技術者）が常勤していることが義務づけられる（建設業法第7条第2号，第15条第2号）。専任技術者は，一般建設業または特定建設業の区分によって，それぞれ必要な資格が異なる。

コンクリートの打込み・締固めを行う業者で，「とび・土工工事業」の一般建設業許可を取得する場合，1級または2級土木・建築施工管理技士，もしくは型枠施工やとび・土工などの技能士（2級の場合には合格後3年以上の実務経験を要する），とび・土工，橋梁，基礎工をはじめとした基幹技能者などの資格を有していることが必要となる。

(2) 施工に関する法令

施工を進めるにあたっては，多くの法令が関係する。施工に関連するおもな法令を表1.8に示す。施工に関連する法令を大別すると，労働安全衛生関係，施工上の技術

表1.7　とび・土工工事業の概要

建設工事の種類	建設工事の例	建設工事の例示	許可業種の区分
とび・土工・コンクリート工事	イ．足場の組立て，機械器具・建設資材等の重量物のクレーン等による運搬配置，鉄骨等の組立て等を行う工事	イ．とび工事，ひき工事，足場等仮設工事，重量物のクレーン等による揚重運搬配置工事，鉄骨組立て工事，コンクリートブロック据付け工事	とび・土工工事業
	ロ．くい打ち，くい抜きおよび場所打ぐいを行う工事	ロ．くい工事，くい打ち工事，くい抜き工事，場所打ぐい工事	
	ハ．土砂等の掘削，盛上げ，締固め等を行う工事	ハ．土工事，掘削工事，根切り工事，発破工事，盛土工事	
	ニ．コンクリートにより工作物を築造する工事	ニ．コンクリート工事，コンクリート打設工事，コンクリート圧送工事，プレストレストコンクリート工事	
	ホ．その他基礎的ないしは準備的工事	ホ．地すべり防止工事，地盤改良工事，ボーリンググラウト工事，土留め工事，仮締切り工事，吹付け工事，法面保護工事，道路付属物設置工事，屋外広告物設置工事，捨石工事，外構工事，はつり工事，切断穿孔工事，アンカー工事，あと施工アンカー工事，潜水工事	

基準関係および災害公害関係に分類できる。施工内容や施工段階に応じて，多くの法令が関係するため，各法令の規定を正確に把握しておくことが重要である。

施工に関連する法令のおもな申請・届出を表1.9に示す。ここでは，労働安全衛生関係，道路関係および公害防止関係に大別して示している。この中でも，労働安全衛生法または同規則の規定にもとづく申請・届出が多いことがわかる。これは，施工において，作業の安全がきわめて重要であることを意味する。

各申請・届出においては，届出者は施工者であるが，届先および届出の時期がさまざまである。そのため，工程の遅延を生じさせないようにそれぞれの申請について事前に調べておくことが重要である。

表1.8 施工に関連するおもな法令

区分	法令名
労働安全衛生関係	労働基準法・同施行規則 年少者労働基準規則 建設業附属寄宿舎規程 労働安衛生法・同施行令・同規則 ボイラー及び圧力容器安全規則 クレーン等安全規則 ゴンドラ安全規則 高気圧作業安全衛生規則 酸素欠乏症等防止規則 有機溶剤中毒予防規則
施工上の技術基準関係	ガス工作物の技術上の規準を定める省令（通商産業省令） 電気事業法・電気工事士法 消防法・同施行令・同施行規則
災害公害関係	道路法・同施行令・同施行規則 火薬取締法・同施行規則 公害対策基本法・騒音規制法・同施行令・同施行規則・建設作業騒音規制 土砂等を運搬する大型自動車による交通事故防止等に関する特別措置法 廃棄物の処理及び清掃に関する法律 道路交通法・同施行令・同施行規則

1.3.2 鉄筋コンクリート工事に関する規格・指針類

(1) コンクリート

コンクリート工事に用いられるコンクリートは，レディーミクストコンクリート工場で製造されたレディーミクストコンクリートを用いることがほとんどである。このレディーミクストコンクリートについては，JIS A 5308に規定されている。建築工事では，建築基準法にもとづいて施工されるが，建築基準法第37条(指定建築材料)では，建築物の主要構造部に使用できるコンクリートが，JIS A 5308に適合するレディーミクストコンクリートとするか，国土交通大臣による指定建築材料の認定を受けたもののいずれかとすることが定められている。

JIS A 5308は，1953年に制定された後，幾度かの改正を経て現在に至っている。JIS A 5308では，荷卸し地点までに配達されるレディーミクストコンクリートについて規定しており，配達されてから後の施工現場内における運搬，打込みおよび養生については適用外である。すなわち，荷卸し地点を境として，それより前であればレディーミクストコンクリート工場，それより後であれば施工者へ責任範囲が変わることを意味する。JIS A 5308の規定は，レディーミクストコンクリートの種類，品質，容積，配合，材料，製造方法，試験方法，および検査などで構成される。規定の詳細については4章を参照されたい。

(2) 土木工事

土木工事におけるコンクリート工事に関する指針には，国，地方公共団体または施設運営団体などのそれぞれの発注者が発行する仕様書や土木学会の規準類などがあり，工事ごとに発注者の指定する仕様書に従って施工する必要がある。このうち，土木学会から『コンクリート標準示方書』（以下，示方書という。写真1.3）が発刊されている。示方書は，基本原則編，設計編，施工編，維持管理編，ダムコンクリート編および規準編の6編で構成されており，設計図書に示される要求性能を満足するコンクリート構造物を構築するための基本的な考え方を示している。このうち，コンクリートの施工については施工編に規定されている。施工編では，一般的なコンクリートを扱う際の基本原則を示した「施工標準」および「検査標準」，高流動コンクリートや高強度コンクリートなどのような「特殊コンクリート」の施工方法に関するものに大別して記述されている。この示方書に加えて，『コンクリートのポンプ施工指針』および『プレストレストコンクリート工法設計施工指針』などが発刊されており，技術的な細目について補完されている。

表1.9 施工に関連する法令のおもな申請・届出

分類	名　称	届出者	届出先	届出の時期	関係法令
労働安全衛生関係	適用事業報告	事業者（施工者）	所轄労働基準監督署長	工事着工前	労働基準法施行規則第57条
	特定元方事業者開始報告	特定元方事業者（施工者）	所轄労働基準監督署長	作業開始後遅滞なく	労働安全衛生法第30条 労働安全衛生規則第664条
	選任報告 ・統括安全衛生責任者 ・統括安全衛生管理者 ・元方安全衛生管理者 ・店社安全衛生管理者 ・安全管理者 ・衛生管理者 ・産業医	事業者（施工者）	所轄労働基準監督署長	作業開始後遅滞なく	労働安全衛生法第15条 労働安全衛生規則第664条
	建設工事計画届（高さ31mを超える建築物）	事業者（施工者）	所轄労働基準監督署長	作業開始14日前	労働安全衛生法第88条 労働安全衛生規則第91条・92条
	建設物・機械等設置・移転・変更届	事業者（施工者）	所轄労働基準監督署長	工事開始の30日前	労働安全衛生規則第85条，第86条
	型枠支保工設置計画届（支柱の高さ3.5m以上）	事業者（施工者）	所轄労働基準監督署長	工事開始の30日前	労働安全衛生法第88条 労働安全衛生規則第88条
	足場の組立・解体工事計画届（高さ10m以上，設置期間60日以上）	事業者（施工者）	所轄労働基準監督署長	工事開始の30日前	労働安全衛生法第88条 労働安全衛生規則第88条
道路関係	道路占有許可申請書	施工者	道路管理者	そのつど	道路法第32条 同　施行令第7条
	道路使用許可申請書	施工者	所轄警察署長	作業開始7日前	道路交通法第77条・78条 同　施行規則第10条
公害防止関係	特定建設作業実施届出書	施工者	市町村長	作業開始7日前	騒音規制法第14条 振動規制法第14条
	特定施設設置届出書	施工者	市町村長	作業開始30日前	騒音規制法第6条 振動規制法第6条

写真 1.3　土木学会コンクリート標準示方書

写真 1.4　公共建築工事標準仕様書

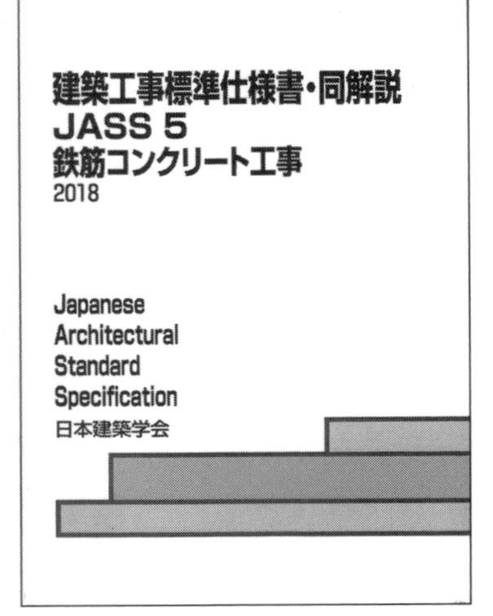

写真 1.5　日本建築学会建築工事標準仕様書・同解説 JASS5 鉄筋コンクリート工事

(3)　建築工事

建築工事におけるコンクリート工事に関する指針は，『国土交通省大臣官房官庁公共建築工事標準仕様書』（以下，共仕という。写真 1.4）や日本建築学会『建築工事標準仕様書・同解説 JASS 5　鉄筋コンクリート工事』（以下，JASS 5 という）（写真 1.5）が代表的であり，設計図書において指定された仕様書に従って施工する必要がある。

共仕は，公共建築工事において使用する材料および工法などについて，工事種別ごとに標準的な仕様が示されている。

JASS 5 は，鉄筋コンクリート造建築物および鉄筋コンクリート造以外の構造形式による建築物の鉄筋工事，型枠工事およびコンクリート工事について規定している。このJASS 5 に加えて，鉄筋工事については，『鉄筋コンクリート造配筋指針・同解説』，型枠工事については『型枠の設計・施工指針』，コンクリートの圧送工事については，『コンクリートポンプ工法施工指針・同解説』などの各種指針類によって技術的な細目が補完されている。

1.4　図面に関する基本的な知識

1.4.1　製図に関する基本的な知識

設計図面に表わす線，寸法，記号など，基本的なルールは，JIS A 8310 の製図総則に定められている。部門別の製図通則として，JIS A 0101 の土木製図通則と JIS A 0150 の建築製図通則がある。

表 1.10　製図に用いる推奨尺度（JIS Z 8314）

類　別	推奨尺度		
倍　尺	50 : 1	20 : 1	10 : 1
	5 : 1	2 : 1	
現　尺	1 : 1		
縮　尺	1 : 2	1 : 5	1 : 10
	1 : 20	1 : 50	1 : 100
	1 : 200	1 : 500	1 : 1000
	1 : 2000	1 : 5000	1 : 10000

(1) 尺度

構造物は，実際の寸法は長大であることから，図面上には縮尺して書くこととなる。そこで，製図通則では図面上に縮尺して書くときの縮尺の割合である尺度が定められている。たとえば，1m の長さを 100mm に縮尺して書く場合，尺度は 1/10 といい，1m の長さを 10mm にして縮尺して書く場合，尺度は 1/100 という。

JIS Z 8314（製図－尺度）で定める，製図に用いる推奨尺度を表 1.10 に示す。

(2) 線

線は，図面を見やすくするために，用途や意味ごとにいろいろな太さや種類で書き分ける。JIS A 8312（製図～表示の一般原則～線の基本原則）で定める線の基本形のうち，おもなものを表 1.11 に示す。

(3) 寸法の単位

寸法の単位は，原則としてミリメートルを用いるが，数の多いときは，書く寸法数字の末尾に単位記号をつける。寸法の表わし方の例を図 1.14 に示す。

表 1.11 おもな線の基本形

線の基本形（線形）	呼び方	用途
	実線	外形線 物の見える部分の形状を表わす
	破線	かくれ線 物の見えない部分の形状を表わす
	一点鎖線	中心線・基準線 形状の中心または基準となる位置を表わす
	二点鎖線	想像線 物の移動や変化，そこに存在していない物の形状を表わす

表 1.12 おもな材料構造表示記号

縮尺程度別による区分 ／ 表示事項	縮尺 $\frac{1}{100}$ または $\frac{1}{200}$ 程度の場合	縮尺 $\frac{1}{20}$ または $\frac{1}{50}$ 程度の場合（縮尺 $\frac{1}{100}$ または $\frac{1}{200}$ 程度の場合でも用いてもよい）	原寸および縮尺 $\frac{1}{2}$ または $\frac{1}{5}$ 程度の場合（縮尺 $\frac{1}{20}$，$\frac{1}{50}$，$\frac{1}{100}$ または $\frac{1}{200}$ 程度の場合でも用いてもよい）
壁一般			
コンクリートおよび鉄筋コンクリート	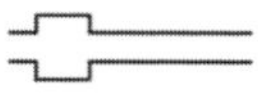	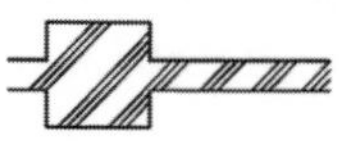	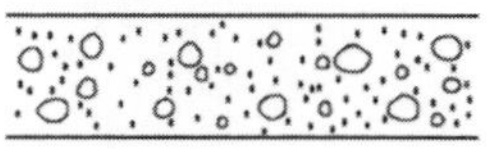
軽量壁一般		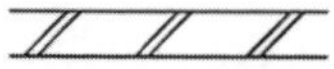	
普通ブロック壁 軽量ブロック壁	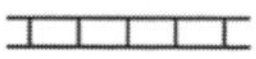	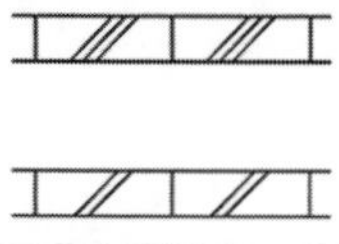	実形をかいて材料名を記入する。
地盤			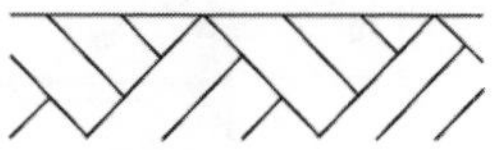
割栗		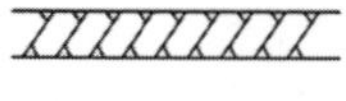	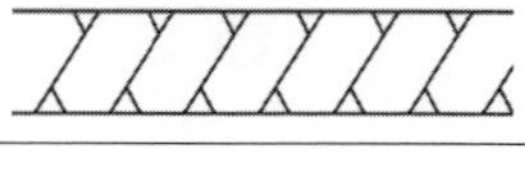

(4)　材料構造表示記号

JIS A 0150（建築製図通則）に定める，おもな材料構造表示記号を表 1.12 に示す。

(5)　躯体関連記号

躯体関連記号は，建物の構造図で使用される部位を表わす記号である。おもな躯体関連記号を以下に示す。躯体関連記号は，後述する躯体図上に寸法を伴って表記されるので，記号によって部材の種類を判断できるようにする。

C：柱を表わす記号（Column の頭文字）

G：大梁を表わす記号（Girder の頭文字）

B：小梁を表わす記号（Beam の頭文字）

S：床を表わす記号（Slab の頭文字）

W：壁を表わす記号（Wall の頭文字）

F：基礎を表わす記号（Footing の頭文字）

P：杭を表わす記号（Pile の頭文字）

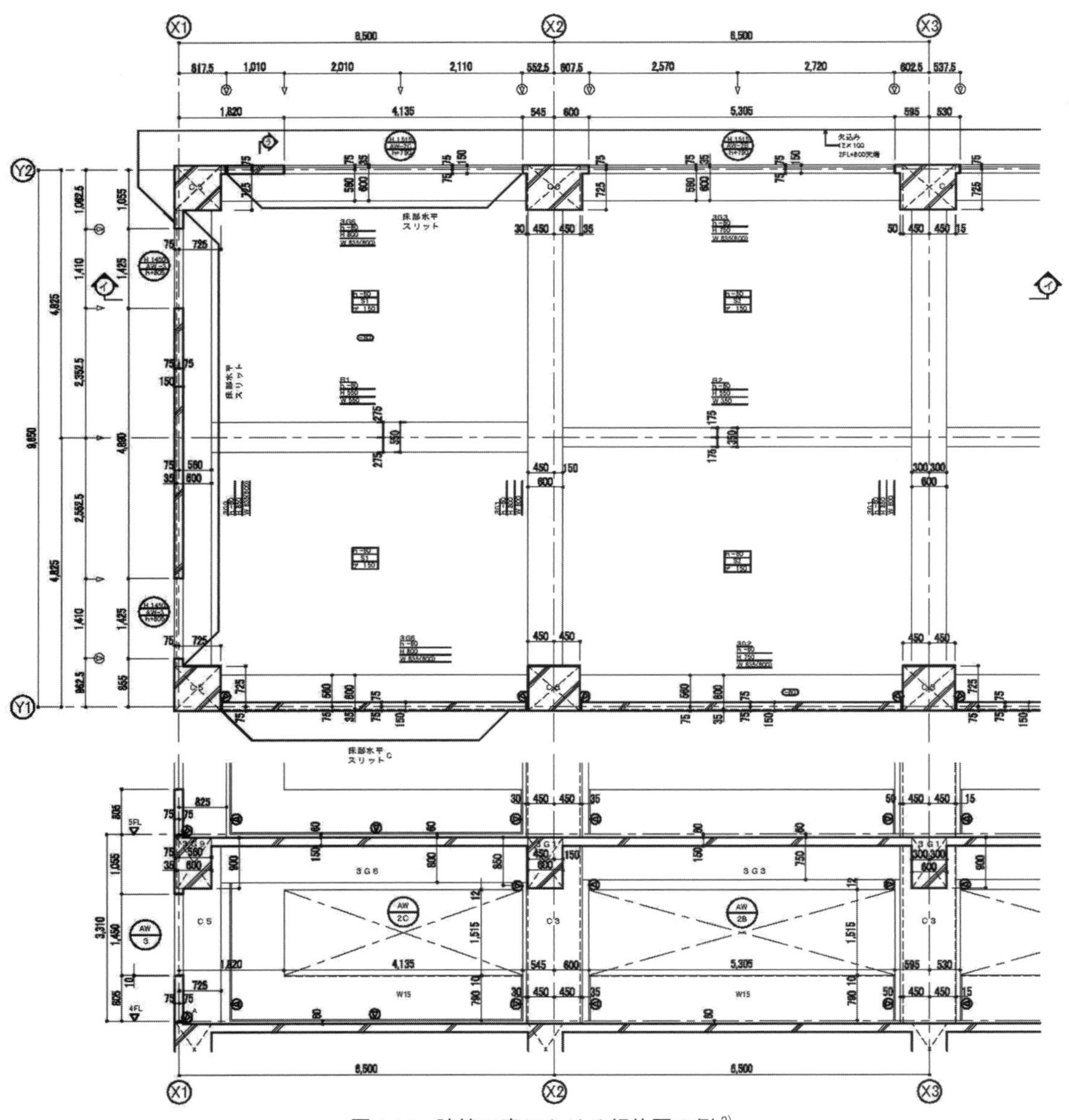

図 1.14　建築工事における躯体図の例 2)

1.4.2　施工図に関する基本的な知識

(1)　施工図の概要

施工図とは，設計図書をもとにして，実際の施工をどのように行うのかを示した図面のことであり，設計図書とは別に作成されるものである。施工図には，総合図，工種別施工図および製作図などがある。設計図書のうち設計図には，意匠図，構造図および設備図にそれぞれ必要な情報が盛り込まれている。これによって，設計情報も分散化することになり，各種情報を一元的にとらえることを困難なものとしている。そこで，各種情報の相互関係や設計図書間の整合性などを確認する目的で，総合図が作成される。総合図は，意匠図の平面図をもとにして，構造図に示される各部材の位置に加え，設備図に示される空調設備，給排水衛生設備および電気設備などの情報を同一の図面上にプロットしたものである。この総合図の作成によって，異なる図面で示されていた情報を一元化して検討することができ，相互の関係や設計図書の相違点が明確となる。このため，工種別施工図および製作図を作成する前に作成されるものである総合図により，各種情報の相互関係の整合確認をした後に，工種別施工図および製作図を作成する。工事種別によって関係する専門工事業者が異なるため，それぞれに対して実際に施工する方法や詳細の納まりを示す必要があり，多くの図面が作成されることになる。また，プレキャストコンクリート部材，金属製建具（アルミサッシ，シャッターおよびスティールドアなど），各種設備機器などの工場生産品については，それぞれの製品の詳細を示した製作図が作成される。

(2)　躯体図の概要

各種施工図のうち鉄筋コンクリート造構造物における施工図の要となる躯体図の例を図 1.14 に示す。躯体図とは，構造物の鉄筋コンクリートの構造体だけを抽出して図面化したものであり，施工の初期段階から作成されるものである。躯体図の作図方向は，一般的に基礎，地下最下階および屋上では通常の平面図と同様に下向きであり，その他の階については見上げ図となる。躯体図の作成にあたっては，構造図との整合性はもとより，仕上げ材料やアルミサッシなどの躯体に取り付けるものとの納まりを考慮する必要がある。コンクリートの硬化後に解体することは多大な労力と費用が発生するので，躯体図の作成に際しては，関係する事柄を慎重に検討し，誤りのないようにしなければならない。

［引用文献］

1)　鈴木秀三編：図解建築の構造と構法［改訂版］，p.32, 98, 114, 119, 122, 井上書院，2014 年

2)　中田善久・斉藤丈士・大塚秀三：ポイントで学ぶ鉄筋コンクリート工事の基本と施工管理，p.27, 81, 85, 90, 182, 井上書院，2015 年

3)　兼利昌直：建築施工テキスト 改訂版，p.51, 井上書院，2012 年

4)　全国コンクリート圧送事業団体連合会：最新コンクリートポンプ圧送マニュアル，p.268, 269, 271, 井上書院，2019 年

5)　日本建築学会：建築工事標準仕様書・同解説 JASS 5　鉄筋コンクリート工事 2018，p.14, 2018 年

6)　同上，p.31

2 コンクリートの材料と性質

2.1 コンクリートの構成

コンクリートは，セメント，水，細骨材（砂または砕砂），粗骨材（砂利または砕石），混和材および混和剤などの材料を混ぜ合わせて固めたものであり，セメントと水の化学反応で硬化する。

図 2.1 に示すように，セメントに水を混ぜたものをセメントペースト，セメントペーストに細骨材（砂，砕砂など）を混ぜたものをモルタル，モルタルに粗骨材（砂利，砕石など）を混ぜたものをコンクリートという。セメントペーストはセメントの水和反応によって時間とともに強度が発現して骨材同士を接着させる役目があり，それによってコンクリートは最終的に岩石のように強固な硬化体（硬化コンクリート）となる。

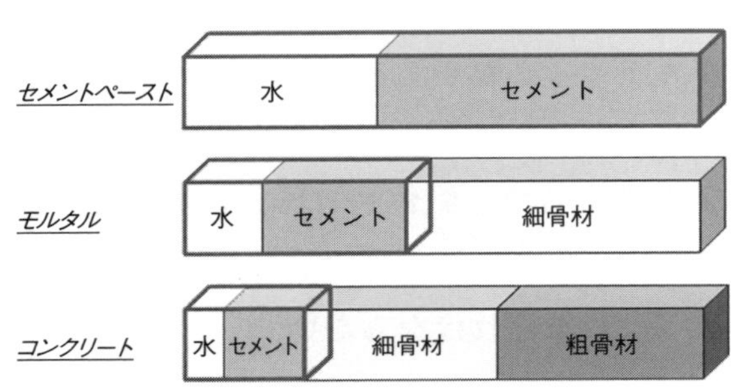

注：割合は質量比で，おおよその目安，空気は除外

図 2.1 セメントペースト，モルタル，コンクリートの構成材料の比較[1)]

2.2 コンクリートに求められる性能

コンクリートには，運搬，打込み，締固めおよび表面仕上げの各段階における所要の作業性，硬化後の所要の力学特性（強度，弾性係数など），乾燥収縮率および耐久性などの性能が求められる。コンクリートに求められる所要の性能を表 2.1 に示す。

2.3 コンクリート用材料

コンクリートに使用されるおもな材料を写真 2.1 に示す。

表 2.1 コンクリートに求められる所要の性能

状　態	求められる所要の性能	
フレッシュコンクリート	作業性（ワーカビリティー）	材料分離を生じることなく，運搬，打込み締固め，仕上げなどの作業が容易にできること
	流動性（コンシステンシー）	変形または流動性に対する抵抗性があること
	粘性（プラスチシティー）	容易に型枠に詰めることができ，型枠を取り去るとゆっくり形を変えるが，くずれたり，材料が分離することがないこと
	圧送性（ポンパビリティー）	コンクリートポンプによる圧送がしやすいこと
	仕上げ性（フィニッシャビリティー）	コンクリートの打上がり面を要求された平滑さに仕上げる作業性がよいこと
硬化コンクリート	力学特性（強度，弾性係数）	定められた材齢において所要の強度，弾性係数などの力学的性質を有すること
	乾燥収縮率	ひび割れが生じない範囲の体積変化であること
	耐久性	中性化，塩化物イオンの浸透，凍結融解の繰返し作用，アルカリシリカ反応などについて，それぞれに対する抵抗性が十分であること

2.3.1 セメント

セメントは，練り混ぜたコンクリート中の水と水和反応して硬化する鉱物質の微粉末である。

セメントの種類は，普通ポルトランドセメント，早強ポルトランドセメント，中庸熱ポルトランドセメント，低熱ポルトランドセメントなどの，クリンカー鉱物からつくられるポルトランドセメントのほか，高炉セメント，フライアッシュセメントなどの混合材と混合した混合セメントに大別できる。また，用途によって使い分けられ，一般に国内で多く利用されるのは普通ポルトランドセメントである。

おもなセメントの種類と性質を表 2.2 に示す。

2.3.2 骨　材

(1) 骨材の区分，種類

コンクリートに用いられる骨材は，天然

写真 2.1　コンクリートに使用されるおもな材料

表 2.2　コンクリートに用いられる骨材の種類

種　類	記号	性　質	おもな用途
普通ポルトランドセメント	N	・最も一般的に用いられる汎用セメント ・総生産量の約 70%を占める	・一般コンクリート工事
早強ポルトランドセメント	H	・初期強度の発現に優れ，長期強度も大きい ・粉末度が高く，水和熱が大きい ・粘性が高く圧送性に注意	・PS コンクリート ・緊急工事 ・寒中工事
中庸熱ポルトランドセメント	M	・水和熱が小さい ・初期強度は低いが，長期強度は N と同程度 ・N にくらべて，同じスランプを得るのに必要な混和剤の添加量が少なく，圧送性がよい	・マスコンクリート ・ダムコンクリート ・高強度コンクリート ・高流動コンクリート
低熱ポルトランドセメント	L	・M よりさらに水和熱が小さく，収縮を抑制する ・初期強度は低いが，長期強度は N と同程度 ・粘性が小さく，圧送性がよい	・マスコンクリート ・高強度コンクリート ・高流動コンクリート
高炉セメント B 種*	BB	・潜在水硬性を有する ・長期強度，化学抵抗性，水密性が大 ・アルカリシリカ反応を抑制（BB，BC）	・海洋構造物 ・ダムコンクリート ・トンネル用コンクリート
フライアッシュセメント B 種*	FB	・ポゾラン反応性を有する ・流動性が良い（単位水量を少なくできる） ・長期強度，化学抵抗性，水密性が大 ・アルカリシリカ反応を抑制（FB，FC）	・ダムコンクリート ・港湾コンクリート ・プレパックトコンクリート

＊　混合セメントは，混合割合により A 種，B 種，C 種に分類される。

のものと人工的に加工されたものがあり，その粒の大きさで細骨材（砂，砕砂など）と粗骨材（砂利,砕石など）に区分される。

骨材の種類を表2.3に示す。細骨材と粗骨材の定義は以下のとおりである。

細骨材：10mmふるいを全部通過し，5mmふるいを質量で85％以上通過する骨材

粗骨材：5mmふるいに質量で85％以上留まる骨材

なお，粗骨材は，その大きさを粗骨材の最大寸法で示され，20mm，25mm，40mmなどに分類される。

コンクリート中に占める骨材の割合は，質量で約80％，容積で約70％であり，骨材はコンクリートの骨格の役割を果たしているといえる。おもな骨材の種類を写真2.2に示す。

(2) 骨材の形状，粒度，吸水率

骨材の形状は，コンクリートの作業性（ワーカビリティー）や圧送性（ポンパビリティー）に大きく影響する。砕石や砕砂の一部で見られる角張っているような骨材を用いると，圧送時の閉塞や材料分離などが発生しやすいので，作業性や圧送性の観点から，骨材は，球状に近い形状のものを使用することが理想である。

また，骨材は，大小の粒が適度に混合し

表2.3 コンクリートに用いられる骨材の種類

		細骨材	粗骨材
普通骨材	天然	川砂，海砂，山砂	川砂利，海砂利，山砂利
	人工	砕砂，各種スラグ細骨材	砕石，各種スラグ粗骨材，再生骨材
軽量骨材	人工	人工軽量細骨材	人工軽量粗骨材
重量骨材	人工		重量粗骨材

(a) 砂利

(b) 砕石

(c) 山砂

(d) 砕砂

(e) 人工軽量骨材（粗骨材）

(f) 人工軽量骨材（細骨材）

写真2.2 おもな骨材の種類

ていることが大切である。骨材の大小の粒の分布の状態を数値で表わす方法として，ふるい分け試験（JIS A 1102）において，各ふるい目の寸法（80, 40, 20, 10, 5, 2.5, 1.2, 0.6, 0.3, 0.15mm）のふるいに留まる骨材の質量百分率（%）を示す粒度分布があり，その各ふるいに留まる骨材の質量百分率の合計を100で割った粗粒率（F.M.）がある。

一般に，粗粒率が小さいと微粒分量が多く，値が大きいと粗めの骨材が多いことになるが，粗粒率が同じ値の骨材であっても，粒度分布も同じとは限らない。また，0.3mm以下の微粒分量が作業性や圧送性に大きな影響を及ぼすため，粗粒率だけで良否は判断できない。

なお，コンクリートの配合（調合）の骨材の質量は，表乾状態（表面乾燥飽水状態）で示されている。表乾状態とは，骨材の表面には水がなく，骨材の内部の空隙がすべて水で満たされている状態であり，コンクリートを配合（調合）するときは，骨材が表乾状態であることを前提として設計されている。

このため，骨材の内部が乾燥状態に近い骨材を用いたコンクリートは，圧送中の圧力によりコンクリート中の水が骨材の内部に吸水され，スランプの低下などの品質変化が大きくなり，圧送性に影響を及ぼすことがあるので注意する必要がある。また，工場で製造された人工軽量骨材は，骨材を乾燥させないようにプレウェッティング（あらかじめ水しめを行うこと）などの対応を行っている。

骨材の良否の例を図2.2に示す。

2.3.3　練混ぜ水

コンクリートに用いる練混ぜ水は，コンクリートの品質に影響を及ぼし，上水道水，上水道水以外の水（河川水，湖沼水，地下水，工業用水）および回収水の3種類がある。このうち，上水道水はそのまま用いてもよいが，上水道水以外の水は，一定以上の品質であることを確認して使用

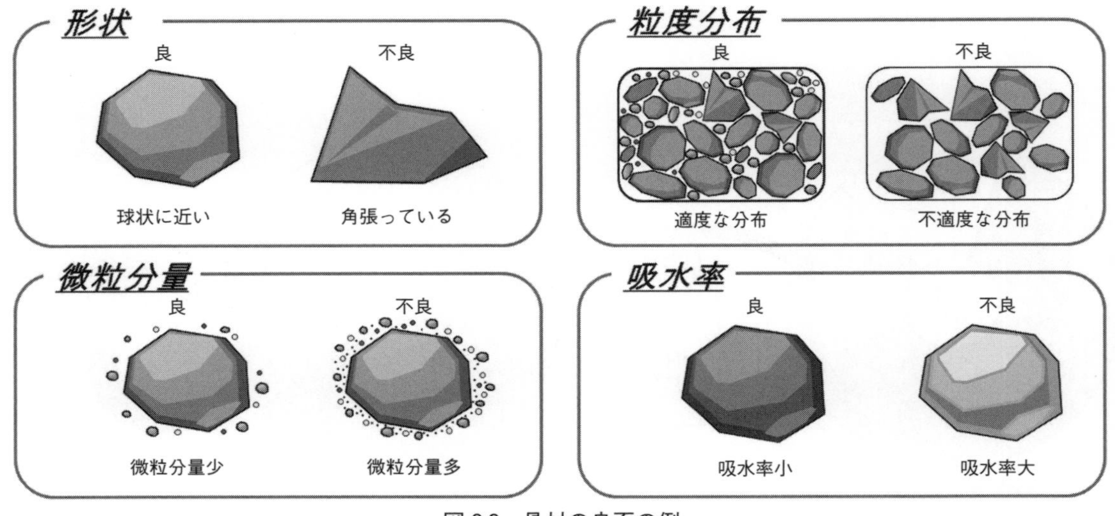

図2.2　骨材の良否の例

する。

生コン工場においてトラックアジテータを洗浄したときに発生する廃水は，回収水として再利用される。回収水は，上澄水(じょうとうすい)（沈殿槽で固形分を沈殿させた上澄み水）とスラッジ水（固形分を含む水）があり，JIS A 5308ではそれぞれ品質が定められている。練混ぜ水の種類を表2.4に示す。

2.3.4　混和材料

混和材料は，コンクリートの基本的な材料であるセメント，骨材，練混ぜ水以外の材料のことで，コンクリートの性質を改善するために使用される。この混和材料は，一般に液体の混和剤と一般に粉体の混和材に区分される。混和剤は，薬品的に少量が用いられ，混和材は，比較的に多量が用いられる（図2.3）。

(1)　混和剤

コンクリート用の混和剤（化学混和剤）は，AE剤，AE減水剤，高性能AE減水剤，流動化剤などがある。おもな混和剤の作用と効果および用途を表2.5に示す。

(a)　AE剤

AE剤は，微細な独立した気泡（エントレインドエア）をコンクリート中に混入させ，この気泡がボールベアリングの役割をすることで，単位水量の減少，作業性（ワー

表2.4　練混ぜ水の種類[1]

練混ぜ水の種類	練混ぜ水の定義	品質検査（管理）項目
上水道水	水道法に定められる施設から供給される「人の飲用に適する水」	品質検査としての試験を行わなくても使用できる
上水道水以外の水	河川水，湖沼水，地下水など，特に上水道水としての処理がなされていないもの，および工業用水	・懸濁物質の量 ・溶解性蒸発残留物の量 ・塩化物イオン量の上限 ・セメントの凝結時間の差 ・モルタルの圧縮強さの比
回収水	各種製造設備の洗浄に用いた水や不要となったコンクリートの洗浄排水を回収・処理して得た水。スラッジ水と上澄水に区別される	・塩化物イオン量の上限 ・セメントの凝結時間の差 ・モルタルの圧縮強さの比 ＊スラッジ水はスラッジ固形分の量を規定量以下に管理して用いる

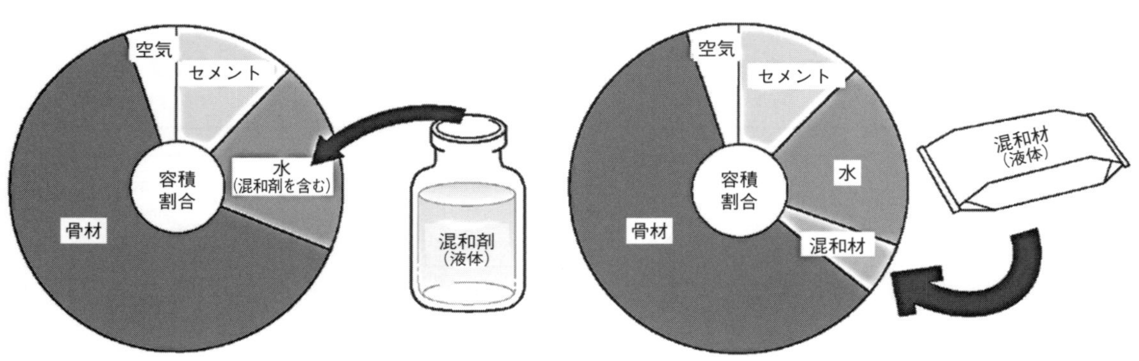

図2.3　混和剤と混和材[1]

カビリティー）の改善，ブリーディングの低減，凍結融解作用に対する抵抗性の向上に効果を発揮する。

(b)　AE 減水剤

AE 減水剤は，AE 剤の作用に加えて，セメント粒子へ静電気を帯電させ，その反発作用でセメントを細かく分散させることで，単位水量の減少，作業性（ワーカビリティー）の改善，ブリーディングの低減，単位セメント量の減少に効果を発揮する。

(c)　高性能 AE 減水剤

高性能 AE 減水剤は，AE 減水剤の作用に加えて，セメント粒子を分散させるが，添加量を多くしてもセメントの凝結を著しく阻害しない特徴がある。大きな減水効果と作業性（ワーカビリティー）の改善，強度および耐久性の改善に効果を発揮し，単位水量を抑えたいコンクリートや単位セメント量が多い高強度コンクリート，高流動コンクリートの流動性や施工性を確保するために用いられる。

また，スランプの保持性が高いため，経時変化が小さいコンクリートとなる。

(d)　流動化剤

あらかじめ練り混ぜられたコンクリートの流動性を増大させることを目的に用いられる。流動化剤を使用することにより単位水量を増大させることなく必要とする流動性を確保することができるため，施工性の確保とともに単位セメント量の増大防止に役立つ。しかし，流動化剤を添加した後のスランプの保持性が低いため，添加後は速やかに施工する必要がある。

(2)　混和材

コンクリート用の混和材には，フライアッシュ，高炉スラグ微粉末，シリカフューム，膨張材などがある。おもな混和材の生産方法と効果を表 2.6 に示す。

(a)　フライアッシュ

フライアッシュは，石炭火力発電所などの燃焼排ガス中に浮遊する溶融した灰が冷却されて球状となったものを捕集した副産物である。フライアッシュをコンクリートに混入すると，セメントの水和により生成

表 2.5　おもな混和剤の作用と効果および用途

混和剤の種類	作　用	効果および用途
AE 剤	・微細な独立した気泡（エントレインドエア）をコンクリート中に混入する（3～6%） このエアがボールベアリングの役割をする	①単位水量の減少 （プレーンコンクリートの W を約 8%低減） ②ワーカビリティーの改善やブリーディングの低減 ③凍結融解作用に対する抵抗性の向上
AE 減水剤	・AE 剤の作用に加えて，セメント粒子へ静電気を帯電させ，その反発作用でセメントを細かく分散させる ・添加量に限度があり，入れすぎるとセメントの凝結が遅れたり，固まらないことがある	①単位水量の減少 （プレーンコンクリートの W を約 13%低減） ②ワーカビリティーの改善やブリーディングの低減 ③単位セメント量の減少 （同一強度を得る場合）
高性能 AE 減水剤	・AE 減水剤の作用に加えて，セメント粒子を分散させる ・添加量を多くしてもセメントの凝結を著しく阻害しない	①大きな減水効果とワーカビリティーの改善（プレーンコンクリートの W を約 18%以上低減） ②強度・耐久性の改善 ③高強度コンクリート・高流動コンクリートへの適用
流動化剤	・セメント粒子を分散させる ・添加量を多くしてもセメントの凝結を著しく阻害しない	①流動性，ワーカビリティーの改善 ②単位セメント量の増大防止 ③乾燥収縮によるひび割れ発生の減少

される水酸化カルシウムと反応（ポゾラン反応）して長期強度が増大する。また，フライアッシュの球状の微粒子がボールベアリングの作用をしてコンクリートの作業性（ワーカビリティー）が改善され，単位水量を減少することができる。近年では，環境的にもこのフライアッシュの使用が増加している。

(b) 高炉スラグ微粉末

高炉スラグ微粉末は，溶鉱炉で銑鉄を製造するときに排出される溶融状態のスラグを水や空気で急冷し微粉砕したものである。セメントの水和によって生成される水酸化カルシウムなどのアルカリ性物質の刺激によって水和する性質（潜在水硬性）をもっており，海水に対する抵抗性などが期待できる。近年では，環境的にもこの高炉スラグ微粉末の使用が増加している。

(c) シリカフューム

シリカフュームは，電気炉でフェロシリコンや金属シリコンを製造するときに発生する排ガス中から捕集して得られる球形の超微粒子である。シリカフュームの主成分は二酸化珪素（SiO_2）であり，高性能 AE 減水剤と一緒に使用するとセメント粒子間の空隙にシリカフュームが充填されること（マイクロフィラー効果）によって高い流動性と高い強度が発現されるため，超高強度コンクリートに用いられる。

(d) 膨張材

膨張材は，コンクリートを膨張させる混和材である。水和反応によってエトリンガイトや水酸化カルシウムなどを生成し，その成長作用や生成量の増大によってコンクリートを膨張させることにより，その後生じる乾燥収縮を減少させてひび割れ発生の減少などに効果がある。

2.4 コンクリートの配合（調合）

コンクリートの各材料（水，セメント，骨材，混和材料）の構成割合または使用量を配合（調合）という。基本的に，各材料の質量割合を決定し，1m^3 当たりの使用量

表 2.6 おもな混和材の生産方法と効果

混和材の種類	生産方法	効果
フライアッシュ	石炭火力発電所において微粉炭を燃焼するとき，溶融した灰分が冷却されて球状となったものを電気集塵器等で捕集した副産物	可溶性の二酸化珪素がセメントの水和の際に生成される水酸化カルシウムと常温で徐々に化合して，不溶性の安定な珪酸カルシウム水和物等を生成する（ポゾラン反応） コンクリートに混和したときのワーカビリティーが改善され，所要のコンシステンシーを得るために必要な単位水量を少なくすることができる
高炉スラグ微粉末	高炉から排出された溶融状態のスラグを高速の水や空気を多量に吹き付けて急冷粒状体とし，微粉砕し調整したもの	カルシウムシリケート水和物およびカルシウムアルミネート水和物を生成して硬化する（潜在水頭性）
シリカフューム	フェロシリコンやフェロシリコン合金を製造するとき，中間生成物としての SiO がガス化して，排気ダクトの中で酸化され，SiO_2 として集塵機で回収された副産物	高性能 AE 減水剤と併用することにより所要の流動性が得られ，ブリーディングや材料分離の小さいものが得られる（マイクロフィラー効果） 120N/mm^2 以上の超高強度コンクリートに用いられる
膨張材	石灰，石膏，ボーキサイトを主成分とする焼成化合物を適当な粒度分布となるように粉砕したもの	水和反応によってエトリンガイトあるいは水酸化カルシウムの結晶を生成して，その結晶成長あるいは生成量の増大により膨張させる

を配合（調合）設計によって定めている。このときの$1m^3$当たりの質量を「単位量」といい，単位水量（W），単位セメント量（C），単位細骨材量（S），単位粗骨材量（G），単位混和剤量（A_d）などに分けられる。

適切なコンクリートの配合（調合）を決定するための検討項目として，次のものがあげられる。

2.4.1 コンクリートの強度

コンクリートの大きな特徴の1つとして，圧縮強度（N/mm^2）が比較的大きいということである。このコンクリートの強度は，水セメント比（W/C）によって変えることができる。しかし，温度や湿度などの環境条件によっても大きく変化する。コンクリートの強度には，設計基準強度，配合（調合）強度，耐久設計基準強度，調合管理強度，呼び強度などがある。

(1) 設計基準強度

設計基準強度は，コンクリート構造物のコンクリート強度を構造計算によって求めたものであり，この強度を施工上，いろいろな対策をとって満足させる重要な基準値である。

(2) 配合（調合）強度

配合（調合）強度は，コンクリートの配合（調合）を決める場合に目標となる強度のことである。一般的に，セメント水比（水セメント比の逆数）と圧縮強度の直線関係を求めて，使用するコンクリートの圧縮強度の標準偏差を求め，一定の不良率から割増係数を設定し，それを設計基準強度に乗じたものとしている。

(3) 耐久設計基準強度

耐久設計基準強度は，建築物の構造体および部材の計画供用期間の級に応じる耐久性を確保するために必要とするコンクリートの圧縮強度の基準値である。計画供用期間は，(1) 短期（計画供用期間としておよそ30年），(2) 標準（計画供用期間としておよそ65年），(3) 長期（計画供用期間としておよそ100年）および (4) 超長期（計画供用期間としておよそ200年）の4つである。この計画供用期間ごとにコンクリートの耐久設計基準強度は，(1) 短期（$18N/mm^2$），(2) 標準（$24N/mm^2$），(3) 長期（$30N/mm^2$），(4) 超長期（$36N/mm^2$）となっている。ただし，(4) 超長期でかぶり厚さを10mm増やした場合は，$30N/mm^2$とすることができる。

(4) 調合管理強度

調合管理強度は，配合（調合）強度を管理する場合の基準となる強度であり，設計基準強度または耐久設計基準強度にそれぞれ構造体強度補正値を加えた値のうち大きいほうの値とする。ここでいう構造体強度補正値は，配合（調合）強度を定めるための基準とする材齢における標準養生した供試体の圧縮強度と保証材齢における構造体コンクリート強度との差にもとづくコンクリートの補正値であり，これは，外気温などの影響を考慮したものである。一般的に，材齢4週（28日）の標準養生供試体がこの調合管理強度以上であることが重要である。

(5) 呼び強度

呼び強度は，JIS A 5308「レディーミクストコンクリート」に規定される強度区分である。なお，単位がないため，製品の呼び方であることを示す。一般的なレディーミクストコンクリート（生コン）の，材齢4週（28日）の標準養生供試体の圧縮強度は，この呼び強度を一定の不良率を認めたうえで満足する。

(6)　圧縮強度

圧縮強度（σ_c）は，次のように求められる。

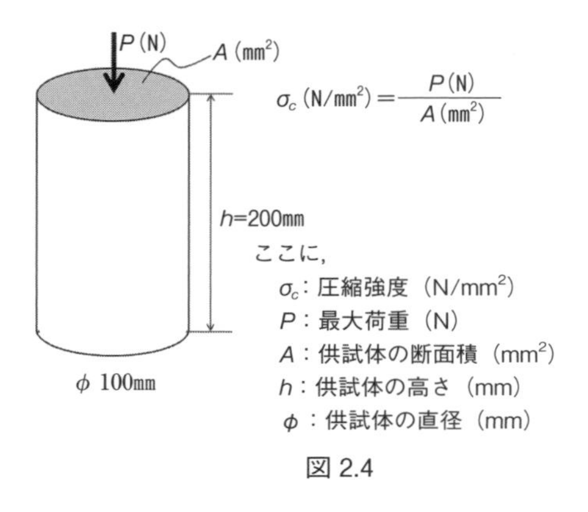

図 2.4

2.4.2　スランプまたはスランプフロー

スランプおよびスランプフローは，コンクリートの流動性（軟らかさ）の程度を示す指標であり，数値が大きいほど軟らかい。

スランプは，スランプスコーンを引き上げた直後に測った頂部中央からの下がり量（0.5cm 単位で表示）で測定する（写真 2.4）。スランプフローは，スランプコーンを引き上げた後，コンクリートの広がりを直径（cm）で測定する（写真 2.5）。高流動コンクリートなどはスランプフローによって軟らかさの判定をする。

スランプの大きいコンクリートはブリーディングが多くなり，粗骨材がモルタルから分離しやすいため，運搬，打込み，締固

写真 2.3　コンクリート供試体を成形するモールドの例

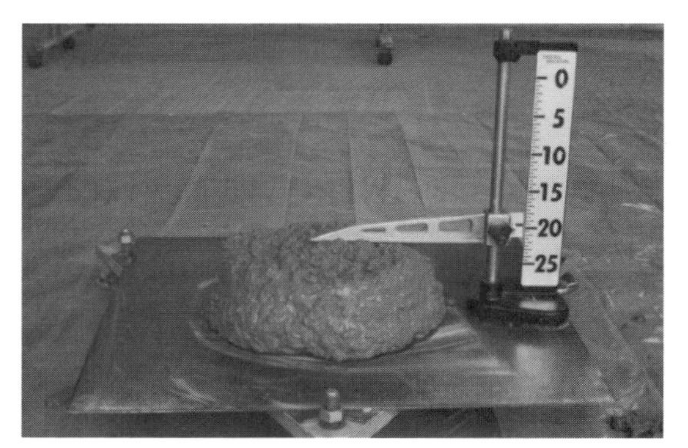

写真 2.4　スランプの測定の状況

写真 2.5　スランプフローの測定の状況

写真 2.6　空気量の測定状況

めおよび表面仕上げなどの作業に適する範囲内でできるだけ小さく定める。ただし，運搬時間が長い場合や気温が高い場合には，スランプの低下が大きくなるので，運搬中のスランプの低下を見込んだスランプを基に配合（調合）を定める必要がある。

2.4.3 空気量

コンクリート中に含まれる空気量の容積であり，コンクリートの全容積に対する百分率（%）で表わす。適度な空気量はコンクリートの流動性を良くするとともに，硬化後のコンクリートの耐凍害性に大きな役目を果たす。空気量の測定の状況を写真2.6に示す。

一般的なコンクリートの空気量は，4.5 ± 1.5%で設定されている。これは，寒冷地における凍結融解作用に対して，3%以上の空気量とすることで，耐凍害性の高いコンクリートとなるためである。

2.4.4 コンクリートの配合（調合）要因と及ぼす影響

(1) 水セメント比（*W/C*）

水セメント比（*W/C*）は，コンクリート中のセメントに対する水の質量百分率（%）で表わす。

コンクリートの強度は，この水セメント比の割合で決定され，水セメント比の数値が小さくなるほど強度は大きくなる。一般的に，コンクリートの耐久性を考慮して，水セメント比を55%以下とすることが推奨されている。

(2) 細骨材率（*s/a*）

細骨材率（*s/a*）は，コンクリート中の全骨材量に対する細骨材量の容積比を百分率（%）で表わしたものである。細骨材率が大きいほどコンクリート中の細骨材の量が多いことになる。

一般的に，細骨材率が小さいほどスランプも小さくなり，所要の作業性（ワーカビリティー）が得られるよう適切な値にすることが必要である。

(3) 単位水量（*W*）

単位水量（*W*）は，コンクリート1m³中の練混ぜ水の質量（kg）である。また，表2.7の①に該当する。

コンクリートの配合（調合）における単位水量は，スランプにより異なる。スランプが大きいコンクリートの単位水量は大きくなり，コンクリート中の水分が逸散することで乾燥収縮によるひび割れなどの不具合が発生する可能性がある。よって，良いコンクリート構造物を造るためには，耐久

表 2.7 コンクリートの配合（調合）表の例

呼び強度	粗骨材の最大寸法（mm）	スランプ（cm）	空気量（%）	水セメント比（*W/C*）（%）	細骨材率（*s/a*）（%）	単位量（kg/m³）				化学混和剤（A_d）（kg/m³）
						水（*W*）	セメント（*C*）	細骨材（*S*）	粗骨材（*G*）	
30	20	15	4.5 （⑨ 45）	51.4	45	① 170 （⑤ 170）	② 331 （⑥ 105）	③ 796 （⑦ 306）	④ 1,010 （⑧ 374）	3.31 （3.31）

（　）内は，絶対容積（*l*/m³）

ここに，セメントの密度（ρ_c）＝ 3.16g/cm³，細骨材の密度（ρ_s）＝ 2.60g /cm³，粗骨材の密度（ρ_G）＝ 2.70g/cm³

性を考慮して単位水量をできるだけ小さくする必要がある。

また，近年の高性能 AE 減水剤を用いた高強度コンクリートの単位水量は，スランプやスランプフローごとに設定され，高性能 AE 減水剤の使用量により単位水量を低減し，単位セメント量を小さくして高強度を実現している。

(4) 単位セメント量（*C*）

単位セメント量（*C*）は，コンクリート $1m^3$ 中のセメントの質量(kg)である。また，表 2.7 の②に該当する。

コンクリートの配合（調合）における単位セメント量は，単位水量と水セメント比により定められる。単位セメント量が小さいコンクリートは，圧送中の加圧によって脱水が生じたり材料分離によるブリーディングも多くなる傾向にある。そのため，単位セメント量の大小は圧送性にも大きく影響する。一般に，圧送性を考慮した場合の単位セメント量の最小値は，普通コンクリートで $270kg/m^3$ とし，高性能 AE 減水剤を使用するコンクリートでは $290kg/m^3$ 以上とすることが望ましい。

2.4.5 コンクリートの配合（調合）表

コンクリートの配合（調合）表の例を表 2.7 に示す。レディーミクストコンクリートの配合（調合）計画書（4 章表 4.6）や納入書（4 章表 4.9）には，表 2.7 のようなコンクリートの配合（調合）計算結果が示されている。

(1) コンクリートの単位容積質量

コンクリートの配合（調合）表に記載されている水(*W*)，セメント(*C*)，細骨材(*S*)，粗骨材（*G*）の単位量の数値は $1m^3$ 当たりの質量（kg/m^3）で表わされている。これらを合計したものが理論的なコンクリートの単位容積質量で，一般に，普通コンクリートで 2.3~2.4t/m^3（2,300 ～ 2,400kg/m^3）程度である。

表 2.7 に示されるコンクリートの配合（調合）表の各材料の単位量（kg/m^3）を合計すると，

水(*W*)＋セメント(*C*)＋細骨材(*S*)
　＋粗骨材(*G*)

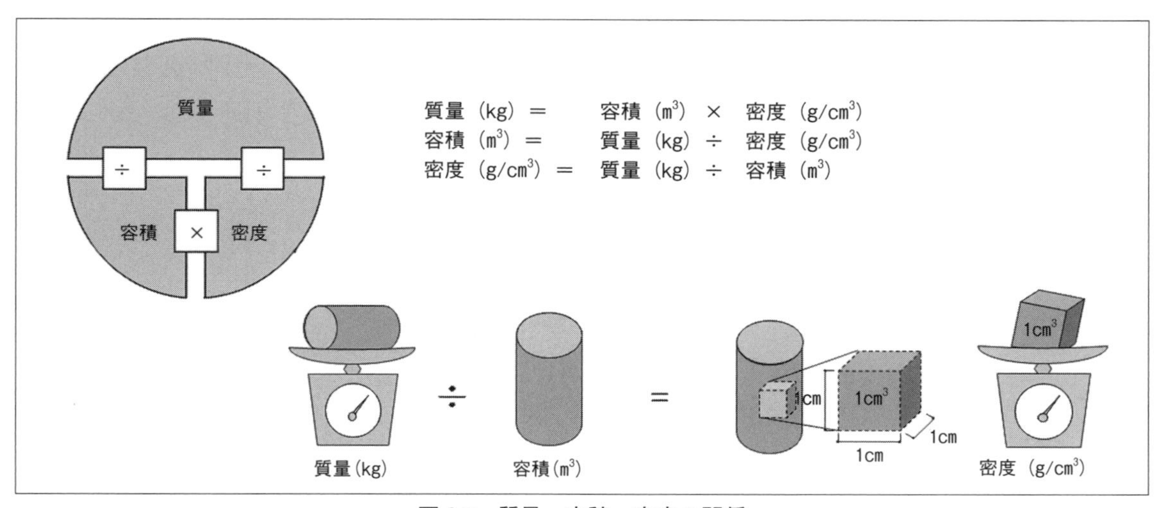

図 2.5　質量，容積，密度の関係

$= ① 170 + ② 331 + ③ 796 + ④ 1,010$

$= 2,307 (\mathrm{kg/m^3}) = 2.307 (\mathrm{t/m^3})$

となる。

(2) 単位量と絶対容積

表2.7において，便宜的に各材料の絶対容積（l/m^3）をカッコ内に示している。絶対容積は，各材料の質量をそれぞれの材料の密度（$\mathrm{g/cm^3}$）で割ることで算出できる。

また，絶対容積（l/m^3）は，コンクリート1m^3（1,000l/m^3）中の各材料の容積を示したものである。そのため，合計すると1,000lになる。

表2.7に示されるコンクリートの配合（調合）表に記載されている各材料の絶対容積と，空気の容積（表2.7では4.5%なので45l/m^3）を合計すると，

水(W)+セメント(C)+細骨材(S)

+粗骨材(G)+空気量

$= ⑤ 170 + ⑥ 105 + ⑦ 306 + ⑧ 374$

$+ ⑨ 45$

$= 1,000\ (l/\mathrm{m}^3)$

となる。1m^3 = 1,000l/m^3である。

質量，容積，密度の関係を図2.5に示す。

(3) 水セメント比（W/C）

表2.7に示されるコンクリート配合（調合）表の各材料の単位量から水セメント比（W/C）は，単位水量（W）が170（$\mathrm{kg/m^3}$），単位セメント量（C）が331（$\mathrm{kg/m^3}$）であり，

水セメント(W/C)

$$= \frac{単位水量}{単位セメント量} \times 100$$

$$= \frac{① 170}{② 331} \times 100$$

$$= 51.35 \cdots 51.4\ (\%)$$

となる。水セメント比の表示は，小数点以下1位まで計算する。

(4) 細骨材率（s/a）

表2.7に示されるコンクリート配合（調合）表の各材料の単位量から細骨材率(s/a)を計算する。細骨材率は細骨材と全骨材（細骨材と粗骨材）の絶対容積の比率で表わすので，各骨材の質量である単位量をそれぞれの密度で割って，絶対容積を求める必要がある。

単位細骨量が796($\mathrm{kg/m^3}$)，細骨材の密度が2.60$\mathrm{g/cm^3}$なので，

$$細骨材の絶対容積 = \frac{796}{2.60} = 306.1 = 306\ (l/\mathrm{m}^3)$$

であり，

単位粗骨材量が1,010（$\mathrm{kg/m^3}$），粗骨材の密度が2.70$\mathrm{g/cm^3}$なので，

$$粗骨材の絶対容積 = \frac{1010}{2.70} = 374.0 = 374\ (l/\mathrm{m}^3)$$

となる。よって，

細骨材率（s/a）

$$= \frac{粗骨材の絶対容積}{全骨材の絶対容積} \times 100$$

$$= \frac{⑦ 306}{(⑦ 306 + ⑧ 374)} \times 100$$

$$= \frac{306}{680} \times 100$$

$$= 0.45 \times 100$$

$$= 45.0\%$$

となる。細骨材率の表示は，小数点以下1位まで計算する。

2.5 乾燥収縮

コンクリートは，吸水すれば膨張し，乾燥すれば収縮する（図2.6）。

コンクリートのみが乾燥収縮を起こしてもひび割れは発生しない。しかし，鉄筋コンクリート構造物のように，コンクリートの乾燥収縮が周囲の鉄筋などの拘束によって妨げられると，ひび割れが発生する（図2.7）。

乾燥収縮は，単位水量が大きいほど大きくなり，JASS 5では，8×10^{-4}以下の乾燥収縮率に抑えるるため，単位水量を$185kg/m^3$以下となるよう規定している。

しかし，最近のデータ（図2.8）によると，乾燥収縮率は単位水量を$185kg/m^3$以下としても8×10^{-4}を満足しない場合もあり，コンクリートの乾燥収縮率を確認することが望ましい。

2.6 耐久性

鉄筋コンクリート構造物を取り巻く外的劣化要因とそれらによる劣化現象を概念的に示すと図2.9のようになる。鉄筋コンクリート構造物の耐久性は，施工の良否によって大きく左右されるだけでなく，その後の環境条件（日射，酸性雨，温度，湿度，二酸化炭素の濃度，塩化物イオンの量，水，酸素および火災など）により変化する。鉄筋コンクリート構造物は，中性化および塩害による鉄筋腐食，凍結融解作用およびアルカリシリカ反応によるコンクリート内部の膨張劣化，化学的浸食，アルカリの溶脱により耐久性が低下する。そのためにも，より良い施工が重要といえる。

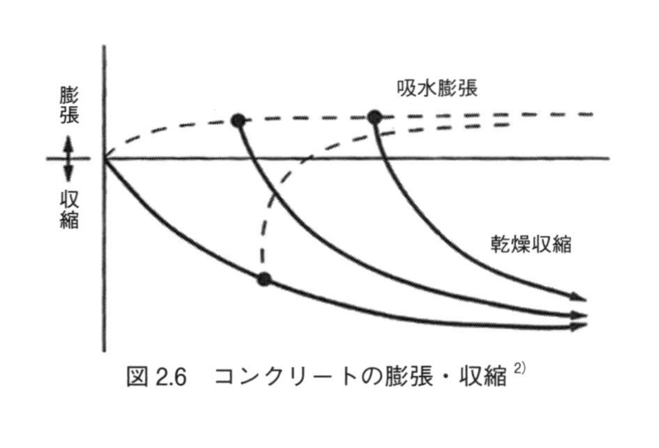

図2.6　コンクリートの膨張・収縮[2)]

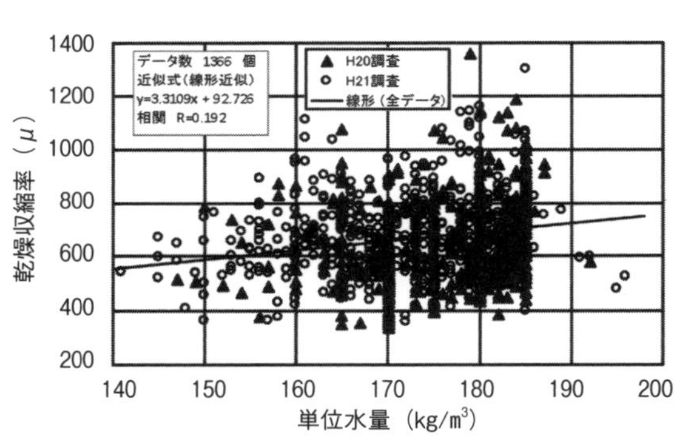

図2.8　単位水量と乾燥収縮率（6か月）の関係[3)]

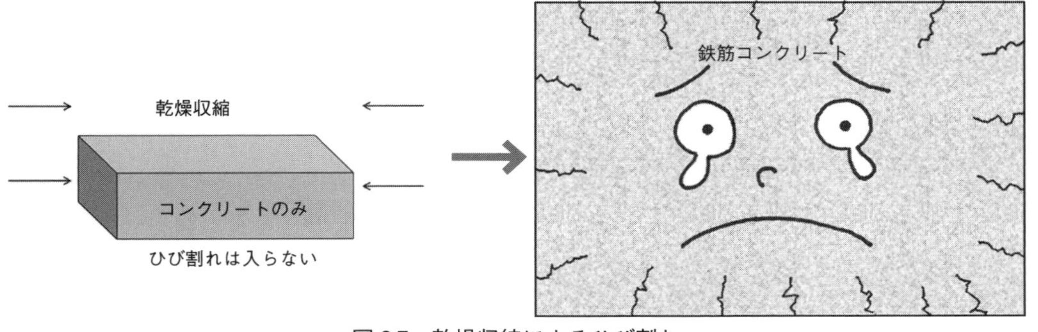

図2.7　乾燥収縮によるひび割れ

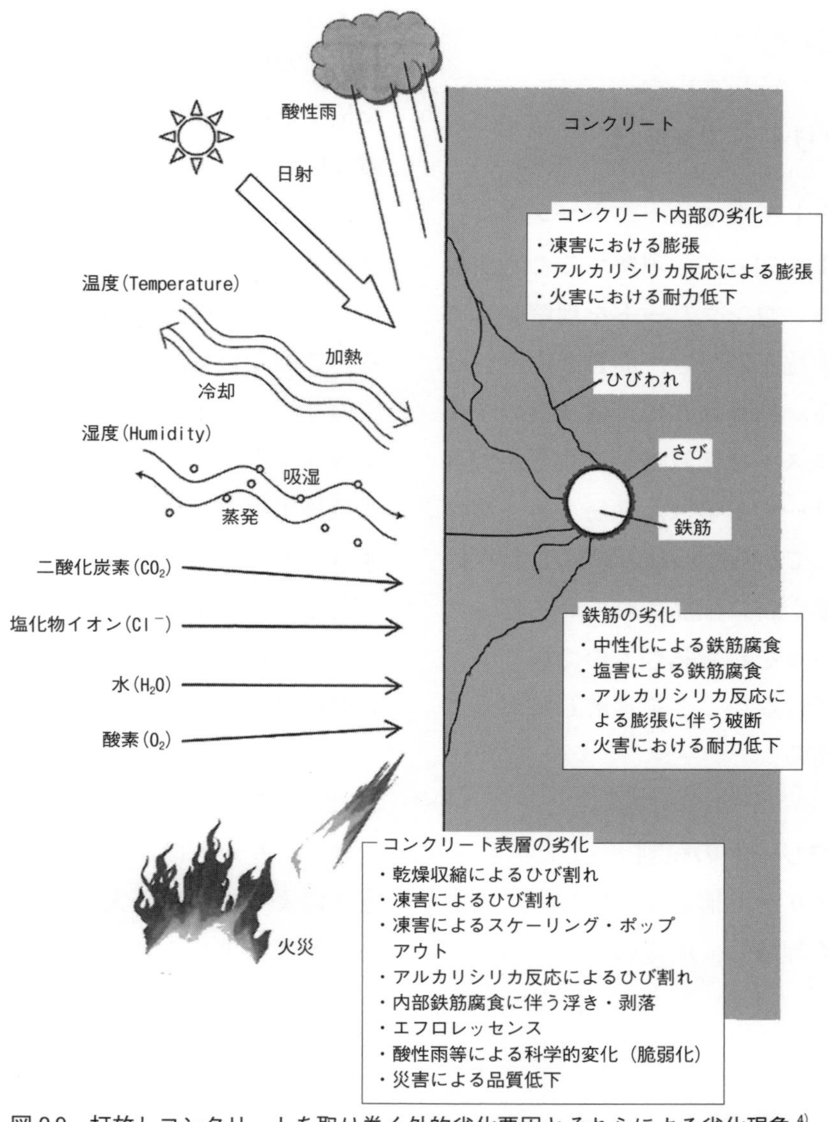

図 2.9　打放しコンクリートを取り巻く外的劣化要因とそれらによる劣化現象 [4)]

［引用文献］

1)　中田善久・斉藤丈士・大塚秀三：ポイントで学ぶ鉄筋コンクリート工事の基本と施工管理，p.40, 井上書院，2015 年

2)　松井勇・出村克宣・湯浅昇・中田善久：最新建築材料学，p.202, 井上書院，2010 年

3)　コンクリート工学協会編：コンクリートの収縮問題検討委員会報告書，2010 年

4)　湯浅昇：打放しコンクリートの表面保護の必要性，月刊建築仕上技術，Vol.30, No.360, pp.42-47, 工文社，2005 年 7 月

3　コンクリート工事

3.1　コンクリート工事とは

コンクリート工事では，まずコンクリートの性質をよく知って，理解することが最も重要である。コンクリートを理解することにより良い施工ができ，品質を向上させることになる。結果として，構造物のライフサイクルコストを低減させることができる。コンクリート工事は，鉄筋工事，型枠工事が完了してから行われる躯体工事の要（かなめ）となる。鉄筋が密に配筋されているところにコンクリートを打ち込むものであり，流し込むものではないことを理解しておくことが重要である。

3.1.1　コンクリートの役割

鉄筋コンクリート構造物の躯体は，設計の主旨をよく理解し，所定の品質を満足するように，また定められた工期内で安全に施工しなければならない。このため，綿密な施工計画を立て，コンクリート工事を進めなければならない。

鉄筋コンクリート構造物は，鉄筋とコンクリートで構成されるが，これを構築するには仮設材の役割として型枠が必要である。このため，鉄筋コンクリート工事では，次の３つの工事に分けられる。

①鉄筋工事
②型枠工事
③コンクリート工事

図 3.1 に示すように，これらの工事が三位一体となって円滑に進めることにより良い鉄筋コンクリート構造物を施工できる。

3.1.2　コンクリートに要求される性能

コンクリートは，使用する材料や施工の方法によって品質が大きく変化する。構造物の躯体に求められるコンクリートは，図

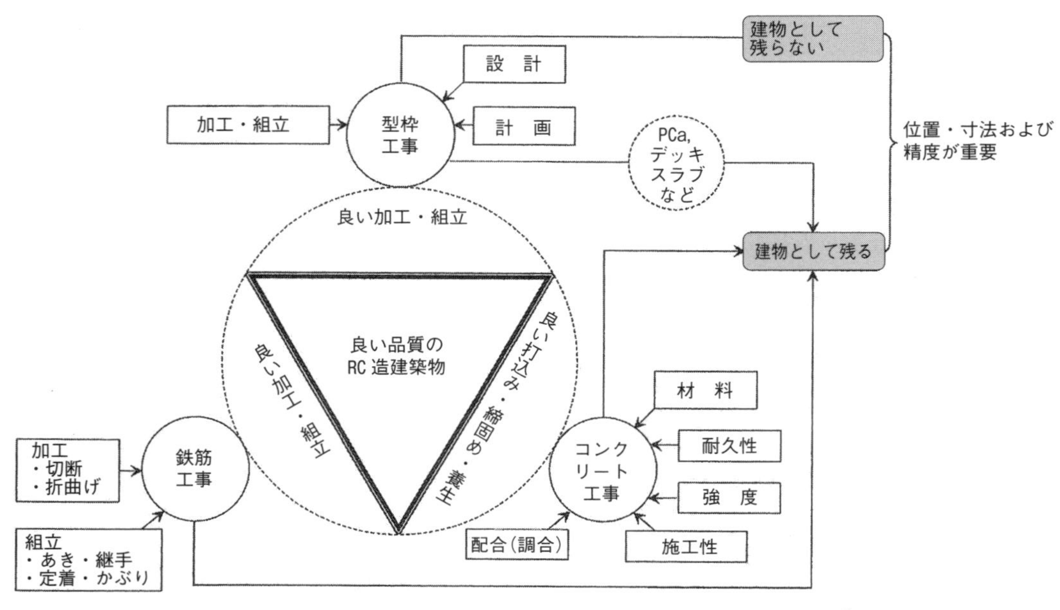

図 3.1　鉄筋コンクリート工事における技術の三位一体の概念[1)]

3.2 に示すように，構造物の積載荷重や地震荷重に耐えられる所要の強度，構造物を取り巻く環境からの物理的・化学的作用に対する所要の耐久性を有するものが良い。また，圧送性がよく均質にかつ密実に型枠に充填できる施工性などの性能が基本として要求される。この 3 つの性能を満足するためには，適切な材料の選定と適切な配合（調合）計画を行うことが必要である。

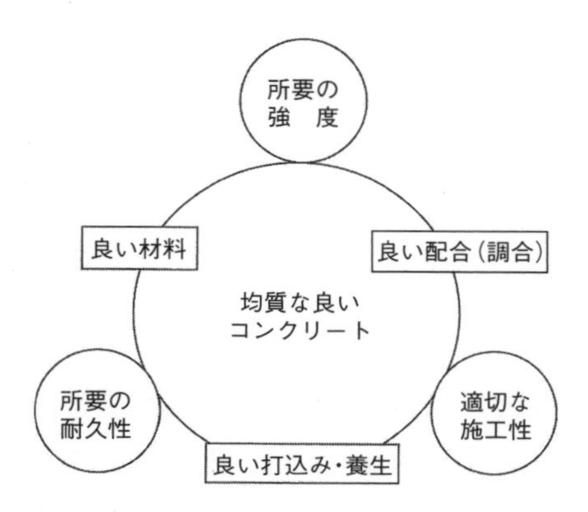

図 3.2　良質なコンクリートに要求される性能

3.1.3　コンクリート工事のフロー

コンクリート工事のフローを図 3.3 に示す。コンクリート工事は，まずコンクリートの打込み計画を立てることから始まる。計画段階においては，コンクリートの配合（調合），運搬，打込みおよび養生方法を決定し，各種の届出を行う。実際の工事では，レディーミクストコンクリート工場で製造され工事現場まで運搬されたコンクリートについて品質を確認して受け入れる。次にコンクリートを打込み箇所まで運搬して型枠へ打ち込み，締固め，仕上げを行う。そして最後に養生を行うまでが一連の流れである。その後，所定の材齢後型枠を取り外し，躯体の完成となる。

3.1.4　コンクリート関連の資格

コンクリートに関連する資格としては，表 3.1 に示すようなものがある。

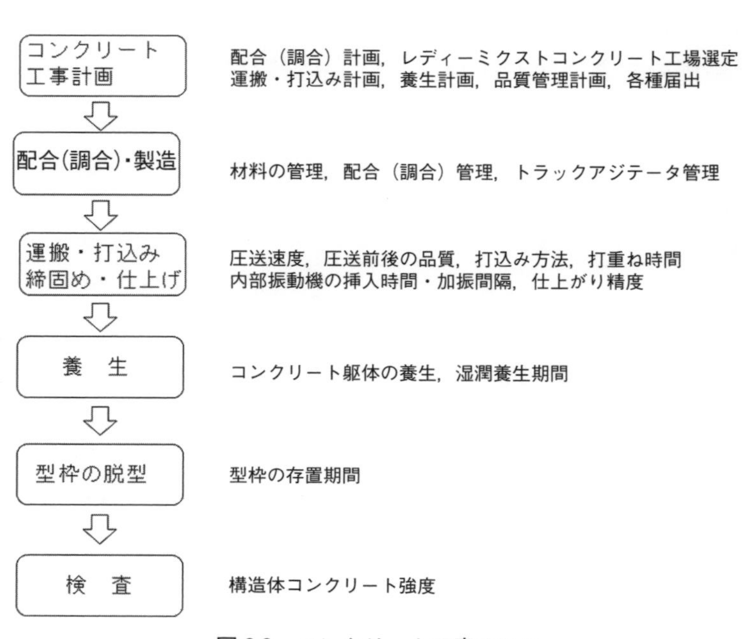

図 3.3　コンクリート工事のフロー

3.2　コンクリート工事計画

コンクリート工事計画では，配合（調合）計画，レディーミクストコンクリート工場の選定，運搬・打込み・締固め・仕上げ計画，養生計画，品質管理計画などを行う。

配合（調合）計画では，設計図書にもとづき所要のワーカビリティー，強度，ヤング係数および耐久性が得られるようにコンクリートの配合（調合）を定める。このためには，コンクリートの種類，材料や配合（調合）における指定の有無，圧縮強度などコンクリートの品質と数量を打込み部位ごとに確認する必要がある。

レディーミクストコンクリート工場の選定では，製造・供給能力，指定する材料の貯蔵・使用の可否，現場までの運搬時間，コンクリート技術者の有無などを考慮して選定する。

運搬・打込みおよび締固め計画では，次のような事項について留意するとよい。

①運搬・打込み・締固めおよび仕上げの方法および使用機器の種類と数量
②運搬・打込み・締固めおよび仕上げのための労務組織
③コンクリートの練混ぜから打込み終了までの時間の限度
④打込み継続中の打重ね時間の限度
⑤打込み区画および打込み順序
⑥１日の打込み量および単位時間当たりの打込み量
⑦品質低下したコンクリートの処理
⑧打継ぎ部の処理方法
⑨コンクリートの上面仕上げ方法および使用する機器，労務組織などである。

なお，詳細については，6章以降に述べる。養生では，コンクリートの打込み終了直後からセメントの水和およびコンクリートの硬化が十分に進行するまで，急激な乾燥，過度の高温，または低温の影響，急激な温度変化，振動および外力の影響を受けないように，養生の方法・期間および養生に用いる資材などの計画を定める。

品質管理では，構造物の品質を保証する

表 3.1　コンクリート関連の資格（参考文献 1）をもとに一部変更）

資格名	設定機関	備考（資格条件ほか）
技術士（鋼構造およびコンクリート）	国家資格（文部科学省が管轄）	技術士法にもとづいた国家資格
1級・2級土木施工管理技士	国家資格	全国建設研修センターが試験を主催
監理技術者	土木施工管理技士連合会など各種団体	一定金額以上の工事を請負うために必要な条件
特別上級技術者，上級技術者 1級・2級技術者	土木学会	高い専門的知識と経験を有する技術者で，特別上級技術者は日本を代表する技術者とされる
コンクリート主任技士 コンクリート技士	日本コンクリート工学会	コンクリートに関する総合技術
プレストレストコンクリート技士	プレストレストコンクリート技術協会	PC 関連工事に 5 年以上の経験
登録基幹技能者（圧接，橋梁，PC 工事，機械土工，鉄筋，型枠，トンネル，コンクリート圧送，鳶・土工，左官など 33 職種 42 団体）	各種団体（全国圧接協同組合連合，日本橋梁建設協会，全国コンクリート圧送事業団連合会など）	国土交通省が推奨する資格 経営事項審査で加点
各種専門工事技能士 （1級コンクリート圧送技能士）	各種団体（全国コンクリート圧送事業団連合会など）	各専門工事で資格制度を設立

ため，設計図書で示された要求事項を満足しているかを確認するものである。コンクリート工事における品質管理としては，次のようなものがある。

①レディーミクストコンクリートの管理
②コンクリートのかぶり厚さの管理
③荷卸し後のコンクリートの運搬･打込み･締固めおよび養生の管理
④硬化コンクリートの管理

3.2.1　施工体制

コンクリート工事における土木および建築の施工体制の一例を図 3.4，図 3.5 に示す。工事施工者は，発注者または建築主と直接請負契約を締結する元請，一般にいう建設会社（土木一式工事および建築一式工事の許可を受けている場合には総合建設会社：通称ゼネコン）と工種ごとに建設会社と請負契約を締結して専門的な工事を担う専門工事業者とに大別できる。さらには，専門工事業者に雇用される形式で技能者（通称，職人）がおり，実際の作業を担っている。

3.2.2　工程と数量

コンクリート工事管理者は，全体工期を把握して，確認しておく必要がある。特に，コンクリートの打込み数量の多い部位や夏休みおよび年末年始前などの発注のときは，コンクリートの発注が思い通りにならず，供給が滞ることがあるので，事前によくレディーミクストコンクリート工場と打合せしておく必要がある。

またコンクリート工事管理者は，コンクリートの数量をできるだけ正確に積算し，発注数量との差を小さくして，残コン（現場で余ったコンクリートのこと）の発生量を少なくするのが腕の見せどころである。

3.2.3　コンクリートの種類と品質

コンクリートの打込み・締固め工もコンクリート工事管理者から事前にどのようなコンクリートが現場に打ち込まれるのか情報を入手のうえ, 共有しておく必要がある。コンクリートの種類，コンクリート強度およびスランプ・スランプフロー，空気量などフレッシュ時の目標値も事前に理解して

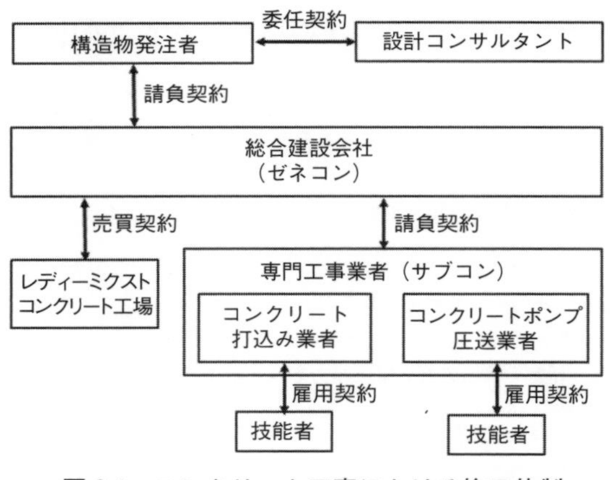

図 3.4　コンクリート工事における施工体制
（土木工事の場合）

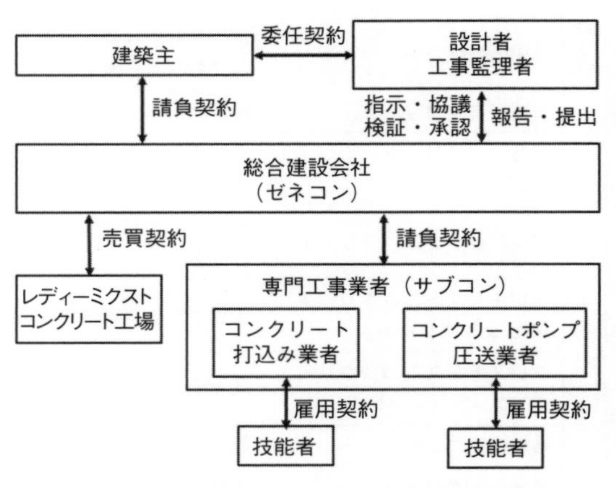

図 3.5　コンクリート工事における施工体制
（建築工事の場合）

おくことにより，運搬・打込み・締固めおよび仕上げにおける段取りの手戻りを防止することができる。

(1) コンクリート種類

土木におけるコンクリートの種類としては，普通コンクリート，寒中コンクリート，暑中コンクリート，マスコンクリートが一般仕様のコンクリートとして施工標準に含まれている。特殊仕様のコンクリートとしては，流動化コンクリート，高流動コンクリート，高強度コンクリート，膨張コンクリート，短繊維補強コンクリート，海洋コンクリート，水中コンクリート，吹付コンクリート，プレストレストコンクリート，

表 3.2　コンクリートの種類

コンクリートの種類		説　明
一般仕様	普通コンクリート	主として普通骨材を使用し，気乾単位容積質量がおおむね 2.1 ～ 2.5t/m³ の範囲のコンクリート
	寒中コンクリート	コンクリート打込み後の養生期間にコンクリートが凍結するおそれがある時期に行われるコンクリート
	暑中コンクリート	気温が高く，コンクリートのスランプの低下や水分の急激な蒸発などのおそれがある時期に行われるコンクリート
	マスコンクリート	部材断面の最小寸法が大きく，かつセメントの水和熱による温度上昇で有害なひび割れ入るおそれがある部分のコンクリート
	富配合（調合）コンクリート	単位セメント量が多く，粘性が高く，材料分離が生じにくいコンクリート
	貧配合（調合）コンクリート	単位セメント量が少なく，均しコンクリートや砂防えん提などのマスコンクリートとして使用されるコンクリート
特殊仕様	軽量コンクリート	骨材の一部または全部に人工軽量骨材を使用し，単位容積質量を普通コンクリートより小さくしたコンクリートで 1 種と 2 種がある
	重量コンクリート	骨材の一部または全部に重量骨材を使用し，単位容積質量を普通コンクリートより大きくしたコンクリート
	流動化コンクリート	あらかじめ練り混ぜられたコンクリートに流動化剤を添加し，これを撹拌して流動性を増大させたコンクリート
	高流動コンクリート	フレッシュ時の材料分離抵抗性を損なうことなく流動性を著しく高めたコンクリート
	高強度コンクリート	単位セメント量が多く，建築では設計基準強度 36N/mm² を超えるコンクリート，土木では適用範囲が設計基準強度 50 ～ 100N/mm² のコンクリート
	鋼管充填コンクリート	コンクリート充填鋼管構造で鋼管内に充填するために使用するコンクリート
	水中コンクリート	場所打ち杭，連続地中壁など，トレミー管などを用いて安定液または静水中に打ち込むコンクリート
	水密コンクリート	水槽や地下部分に使用され，水密性を高くするために水セメント比を小さくしたコンクリート
	水中分離性コンクリート	水中不分離性混和剤と高性能 AE 減水剤を用いてコンクリートの粘性を高め，水中に直接打ち込んでも材料分離を生じさせないコンクリート
	大粒径コンクリート	粗骨材に 40 ～ 80mm 程度の骨材を使用したコンクリート
	発泡コンクリート（発泡モルタル）	コンクリート（モルタル）中に発泡剤を混入し，多量に空気量を分散させ，単位容積質量を小さくしたコンクリート（モルタル）
	プレパックドコンクリート	あらかじめ特定の粒度をもつ粗骨材を詰めその空間に特殊なモルタルを注入してつくるコンクリート
	プレキャストコンクリート（PCa コンクリート）	工場や工事現場内の製造設備によって，あらかじめ製造されたコンクリート
	プレストレストコンクリート（PC コンクリート）	PC 鋼材などを使用してコンクリートが所定の強度のときに圧縮力を与えたコンクリート
	繊維補強コンクリート	混和材として鋼繊維やビニロン繊維等を混入したコンクリート
	舗装コンクリート	すり減り抵抗性などを高めた舗装に適したコンクリート
	その他の（モルタル）	混和材としてパーライトやゴム片などの特殊な混和剤を混入したコンクリート

工場製品，軽量骨材コンクリート，プレパックドコンクリートなどがある。

一方，建築におけるコンクリートは，気乾単位容積質量による種類の区分として，普通コンクリート，軽量コンクリート1種，軽量コンクリート2種および重量コンクリートに分けられる。またコンクリートの使用材料，施工条件および要求性能などによっても分類される。主要なコンクリートの種類を表3.2に示す。なお，一般仕様のコンクリートは，5章，7章および9章に示す一般的な打込み・締固めを行う。また特殊仕様のコンクリートは，建設会社の指示に従うことを基本とする。

(2) コンクリートの強度

土木，建築ともに設計基準強度が重要となる。このため，コンクリート工事管理者は，所定の材齢で設計基準強度を満足する呼び強度[注1]（建築では強度補正した強度）で，レディーミクストコンクリート工場にコンクリートを発注することになる。この発注されたコンクリートの呼び強度を理解しておく必要がある。

(3) スランプ・スランプフロー，空気量

コンクリート工事管理者は，設計図書に示されたコンクリートのスランプ・スランプフローが，対象構造物（部材）の構造条件，施工条件に適しているかの確認を行う。部材断面や配筋状況によっては，スランプ・スランプフローが小さく，打込みが困難である場合もある。このような場合には，ワーカビリティーの改善方法を工事監理者に提案することになる。コンクリート打込み・締固めを行う技能者も呼び強度に併せて，スランプ・スランプフロー，空気量についてもコンクリート工事管理者から情報を入手しておくとよい。

注1　レディーミクストコンクリートの種類においてコンクリートの圧縮強度を示したもの

3.3 コンクリートの運搬方法

コンクリートの運搬は，コンクリートの品質をできるだけ変化させないようにすることが重要である。コンクリートの運搬については，レディーミクストコンクリート工場から現場までの場外運搬（トラックアジテータによる運搬）と工事現場内の運搬がある。ここでは，工事現場内における運搬方法について示す。なお，場外運搬については，4章に示す。

工事現場内の運搬方法としては，次の種類がある。

①コンクリートポンプ，②コンクリートバケット，③カート（手押し車），④ベルトコンベア，⑤シュート，⑥ホッパー

このうち，建設工事で最も一般的な運搬方法はコンクリートポンプであり，次にコンクリートバケットである。

3.3.1 コンクリートポンプ

コンクリートポンプは，打込み場所までの輸送管の配管ができれば，高い場所でも狭い場所でもコンクリートの運搬が可能となるため，広く一般に用いられている。

コンクリートポンプは，トラック搭載式（写真3.1）と定置式（写真3.2）のポンプ車とがあり，さらに現場場内での配管が不

要なブーム付きポンプ車がある。ブーム付きポンプ車は使い勝手がよく便利である（図3.6参照）。現在では，作業範囲30mの折りたたみ式4段ブームが主流である。

コンクリートポンプの形式としては，図3.7に示すようにピストン式とスクイズ式があり，ピストン式が大半を占めている。ピストン式は，シリンダー内のコンクリートをピストンの駆動により圧送するものである。ピストンの駆動方法には，機械式と液圧式があり，液圧式はさらに油圧式と水圧式に分類される。特に油圧式のポンプは，大容量の吐出量，高い吐出圧力を得ることができ，長距離圧送も可能となる。このため，最近では油圧のピストン式が主流となっている。

一方，スクイズ式は，ホッパーに接続されたゴムホース（ポンピングチューブ）をドラム内に配置し，ドラム内を回転するローラによってゴムホース内のコンクリートを絞り出す機構となっている。ピストン式にくらべ吐出圧力が小さく圧送能力は劣るが，残コンクリートの処理が容易であるので，小規模で軟練りのコンクリートの圧

写真3.1　トラック搭載式ポンプ車

写真3.2　定置式ポンプ車

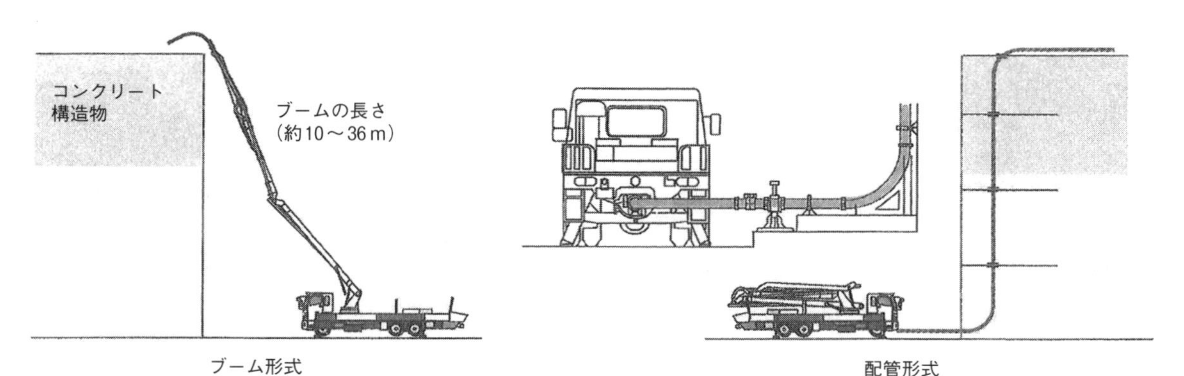

形式	ブーム形式	配管形式
利点	・打込み箇所を容易に移動可能 ・配管作業が不要	・長距離圧送，高所への圧送が可能 ・コンクリートポンプの設置に場所を取らない
欠点	・圧送距離，圧送高さに制約がある	・配管作業が必要

図3.6　コンクリートポンプ工法[1)]

送に適している。

コンクリートポンプ工法の採用にあたっては，所要の品質のコンクリートが得られるように，コンクリート工事管理者は，工事計画段階において次のような点に留意する。

①コンクリートポンプによる圧送は，労働安全衛生法の特別教育を受けて，かつ職業促進法による「コンクリート圧送施工技能士」の資格を取得している者を選任して行う。

②コンクリートポンプの機種は，使用するコンクリートを十分圧送できるものを選定する。

コンクリートにかかる圧送負荷を事前に算定のうえ，コンクリートポンプの機種を選定しておくことが重要である。

圧送負荷の算定方法としては，次に示す土木学会，日本建築学会によるものがあるが，詳細は，全国コンクリート圧送事業団体連合会監修の『最新コンクリートポンプ圧送マニュアル』を参照するとよい。

(1) 土木学会の方法

配管の水平換算距離は，表 3.3 に示す水平換算係数から，それぞれの水平換算距離を求め，それらと実際の水平管の長さとを合計した長さとしている。この値に，水平管 1m 当たりの管内圧力損失を乗じたものがコンクリートポンプにかかる圧送負荷 (P) として算出している。

表 3.3 水平換算係数 3)

項　目	単　位	呼び寸法	水平換算係数
上向き垂直管	1m 当たり	100A（4B） 125A（5B） 150A（6B）	3 4 5
テーパ管*		175A → 150A 150A → 125A 125A → 100A	3
ベント管**		角度：90° 曲率半径：0.5m または 1.0m	6
フレキシブルホース		—	$\frac{20}{L}$***

*テーパ管の水平換算係数は，小さいほうの径に対する値である。
**ベント管の水平換算係数は，角度が 90°，曲率半径が 0.5m または 1.0m の場合にはベント管 1 本の長さ 1m とみなす。
***L は，フレキシブルホースの長さ（5m ≦ L ≦ 8m）である。

(2) 日本建築学会の方法

コンクリートポンプに加わる圧送負荷の算定式として，次式が用いられている。

$$P = K(L+3B+2T+2F) + WH \times 10^{-3}$$

ここに，

P：コンクリートポンプに加わる圧送負荷（N/mm^2）

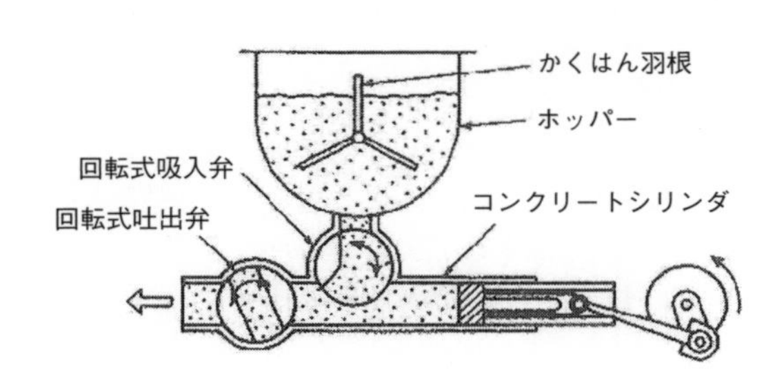

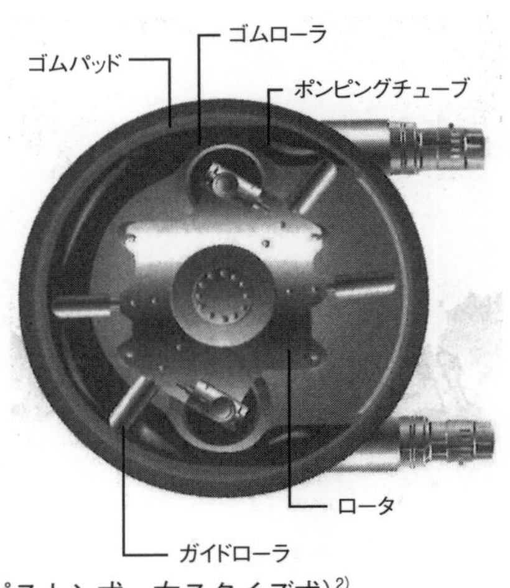

図 3.7　コンクリートポンプの機構例（左：ピストン式，右スクイズ式）2)

K：水平管の管内圧力損失（$N/mm^2/m$）

L：直管の長さ（m）

B：ベント管の長さ（m）

T：テーパ管の長さ（m）

F：フレキシブルホースの長さ（m）

W：フレッシュコンクリートの単位容積重量（t/m^3）に重力加速度（9.8 m/s^2）を乗じたもの（kN/m^3）

H：圧送高さ（m）

コンクリートポンプの機種としては，土木学会や日本建築学会の方法で計算された圧送負荷の1.25倍以上の吐出圧力を有するものを選定すると良いとされている。

3.3.2 コンクリートバケット・ホッパー

コンクリートバケットおよびホッパーを写真3.3に示す。コンクリートバケットやホッパーは，少量のコンクリートを運搬する場合に適している。特に高層鉄筋コンクリート造やCFT（コンクリート充填鋼管）造の柱への打込みなどに用いられている。

また，コンクリートバケットは，現場内でおもにクレーンによって運搬され，コンクリートに与える振動が少なく，材料分離も生じにくい運搬方法として使用されている。

3.3.3 シュート，ベルトコンベア，カート

シュートには，縦シュートと斜めシュートがある（写真3.4）。縦シュートは，落差のある所へコンクリートを運搬するもので，鋼製パイプ，樹脂製パイプ，フレキシブルホースなどが用いられている。杭コンクリートの打込みに使用されるトレミー管も縦シュートの一つといえる。

一方，斜めシュートは，水平方向にコンクリートを移動させるために使われる。しかし，斜めシュートは，コンクリートの材料分離を起こしやすいので，使用しないほうがよい。

ベルトコンベアは，硬練りのコンクリートを水平に近い方向に連続して運搬する場合に適している。しかし，材料分離を起こしやすいので注意が必要である。

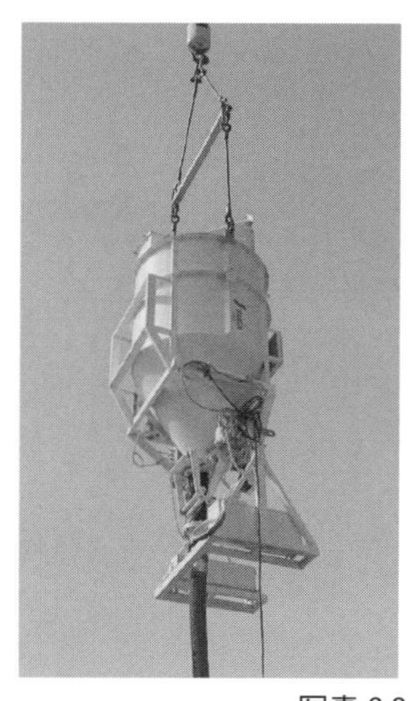

写真3.3 コンクリートバケット（左）・ホッパー（右）

カート（手押し車）は，少量のコンクリートを現場内で小運搬する場合に使用される(写真 3.5)。建築工事では，駄目工事[注2]などに使用される。

3.3.4　コンクリートの運搬機器の能力

コンクリートの運搬では，フレッシュコンクリートのスランプ，空気量，温度などの品質変化ができるだけ小さいことが望まれる。工事現場内におけるコンクリートの運搬には，大きく鉛直運搬と水平運搬に分けることができる。コンクリートの種類と配合（調合），構造物の種類と規模，敷地条件，打込み箇所や打込み量などによって最適な運搬方法を選択することが重要である。

3.3.1 から 3.3.3 までに紹介した各コンクリート運搬機器の能力および特徴を表 3.4 に示す。コンクリートポンプは，運搬量に優れていることがわかる。しかし，1 回の打込み量が少ない場合や配管が困難な場合は，コンクリートバケットが優れている。このため，現場の状況に応じて運搬機種の選定が重要となる。

写真 3.4　シュート

写真 3.5　カート（手押し車）

表 3.4　コンクリートの現場内運搬機器の能力と特徴[4)]

運搬機器	運搬方向	可能な運搬距離（m）	標準運搬量（m^3/h）	動　力	おもな用途	スランプの範囲（cm）	備　考
コンクリートポンプ	水平 垂直	～500 ～200	20～70	内燃機関 電動機	一般・長距離・高所	8～21	圧送負荷による機種選定，ディストリビュータあり
コンクリートバケット	鉛直 水平	～100 ～30	15～20	クレーン使用	一般・高層 RC・スリップフォーム工法	8～21	揚重時間計画重要
カート（手押し車）	水平	10～60	0.05～0.1	人力	少量運搬・水平専用	12～21	桟橋必要
ベルトコンベア	水平 やや勾配	5～100	5～20	電動	水平専用	5～15	分離傾向あり，ディストリビュータあり
シュート	鉛直 斜め	～20 ～5	10～50	重力	高落差・場所打ち杭	12～21	分離傾向あり，ディストリビュータあり

注 2　工事がほぼ終わった段階で，手直しの必要があると指摘された部分について，手を加えて改善する工事のこと。

3.4 コンクリート工事における留意点

打込み・締固めを行う技能者にとって，コンクリートの打込み，締固めが最も重要な業務となる。このため打込み前の打合せ会は，大変重要であり，打込み範囲，打込み量，打込み順序をしっかり把握しておく必要がある。なお，打込み・締固めの留意点については，5章，7章および9章に詳しく記述している。

また打込み直前のコンクリートのワーカビリティーの確認，型枠内へのコンクリートの充填および締固め状況を確認しながら作業を進めることが重要である。打込み・締固めを行う技能者は，コンクリート工事管理者が不在のときや目が行き届かないところにも注意を払い，「均質な良いコンクリート」を打ち込むとよい。

[引用文献]

1) 中田善久・斉藤丈士・大塚秀三：鉄筋コンクリート工事の基本と施工管理，p.76，100, 井上書院, 2015年

2) 土木学会編：コンクリートのポンプ施工指針［2012年版］，p.136，137，2012年6月

3) 土木学会編：2017年制定　コンクリート標準示方書［施工編］，p.112，2018年3月

4) 日本建築学会編：建築工事標準仕様書・同解説 JASS 5 鉄筋コンクリート工事 2018，p.272，2018年

[参考文献]

1) 十河茂幸：コンクリートに関する資格者の活用，JCM マンスリーレポート，Vol.16，No.6，pp.14－15，2007年11月

4　生コンクリートの知識

4.1　生コン製造の目標

コンクリートは，使用する材料や施工の方法によって品質が変化する。コンクリート構造物に求められるコンクリートは，図4.1の「良いコンクリートを造るための基本」に示すように，構造物の積載荷重や地震荷重に耐えるような所要の強度，構造物を取り巻く環境からの化学的・物理的作用に対する十分な耐久性，さらに圧送性が良く均質に型枠に充填できる適切な施工性などの性能が要求される。それらの性能を満足するためには，適切な材料の選定と適切な配合計画を行うことが必要である。

4.2　レディーミクストコンクリート

躯体工事に携わる技術者・技能者が扱う「生コンクリート」とは，JIS A 5308（レディーミクストコンクリート）に，種類，品質，材料，製造方法，運搬，試験方法，検査などが定められている製品である。

また，レディーミクストコンクリート工場（以下，生コン工場という）で製造する製品がJIS A 5308に適合することを認証機関より認められた工場の製品は，図4.2に示すようなJISマークを付して製造・販売することができる。なお，JIS A 5308は2019年に改正されたので，改正されたJISを参照されたい。

建設現場では，特殊な場合を除きレディーミクストコンクリート（以下，生コンという。）を使用することが一般的である。上述のJISマークを表示し製造してい

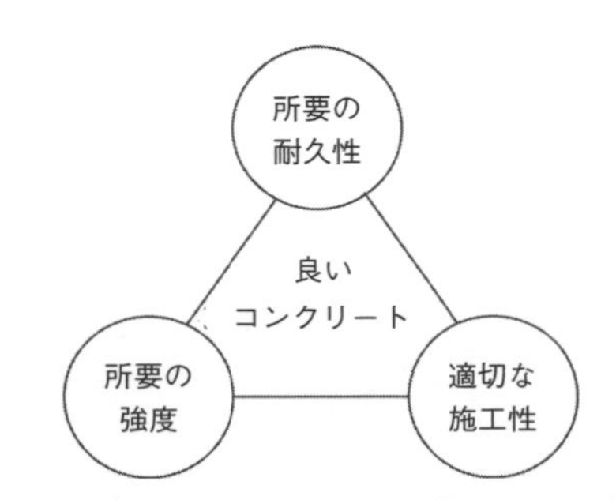

図4.1　良いコンクリートを造るための基本

図4.2　JISマーク

写真4.1　生コンクリート工場（JIS認証工場）の製造プラントの例

る工場は全国で約3,000工場あり，全国どこにおいても容易に生コンを購入し使用することができる体制にある（写真4.1参照)。

4.2.1　製品の種類

JIS A 5308に定められているコンクリートの種類は，①〜③の項目で大別され，表4.1に示す4つの種類で示され，それぞれ「普通」「軽量1種」「軽量2種」「舗装」および「高強度」の記号で表わされる。

①使用する骨材（普通，軽量）
②用途（一般，舗装）
③強度（普通，高強度）

また，JIS A 5308で決められている生コンの種類は，表4.2に示すように，4種類のコンクリートの種類ごとに，「粗骨材の最大寸法」「スランプ又はスランプフロー」および「呼び強度」の組合せとなっており，いずれの「コンクリートの種類」においても数種類の組合せがある。

4.2.2　製品の呼び方

生コンを注文する際には，JIS A 5308に規定されている種類（表4.2）を，コンクリートの種類による記号，呼び強度，スランプまたはスランプフロー，粗骨材の最大寸法およびセメントの種類の組合せで選ぶ

表4.1　コンクリートの種類による記号

コンクリートの種類	粗　骨　材	細　骨　材	記　号
普通コンクリート	砕石[a)]，各種スラグ粗骨材，再生粗骨材H，砂利[b)]	砕砂[c)]，各種スラグ細骨材，再生細骨材H，砂[d)]	普通
軽量コンクリート	人工軽量粗骨材[e)]	砕砂，高炉スラグ細骨材，砂	軽量1種
		人工軽量細骨材[f)]，人工軽量細骨材に一部砕砂高炉スラグ細骨材，砂を混入したもの	軽量2種
舗装コンクリート	砕石，各種スラグ粗骨材，砂利	砕砂，各種スラグ細骨材，再生細骨材H，砂	舗装
高強度コンクリート	砕石，砂利	砕砂，各種スラグ細骨材，砂	高強度

＊ アンダーラインを引いた骨材の例を，写真4.2に示す。

a）砕　石　　b）砂　利　　c）砕　砂　　d）砂
e）人工軽量粗骨材　　f）人工軽量細骨材

写真4.2　各種骨材の外観

必要がある。

購入者は，必要な品質のコンクリートを「製品の呼び方」を用いて発注する。仕様に適合する適切な種類がない場合には，特別に仕様を示して注文することも可能であるが，JIS の規格品とならない場合（JIS マークなし）があるため注意が必要である。

生コンの注文に際して使用される製品の呼び方は，図 4.3 に示す例のように，「コンクリートの種類による記号」「呼び強度」「スランプ又はスランプフロー」「粗骨材の最大寸法」および「セメントの種類」による記号の組合せによる。

生コンの呼び方に用いるセメントの記号は，N（普通ポルトランドセメント），BB（高炉セメント B 種），早強ポルトランドセメント（H），中庸熱ポルトランドセメント（M），低熱ポルトランドセメント（L）などがある。

4.2.3 品　質

(1) スランプ・スランプフロー

一般に，土木用コンクリートは硬練りで，目標スランプが 8 ～ 12cm 程度である場合が多く，建築用コンクリートは軟練りで，目標スランプ 18cm 程度の場合が多い（写真 4.3 参照）。このとき指定されたスランプは荷卸し時の目標値であり，材料の品

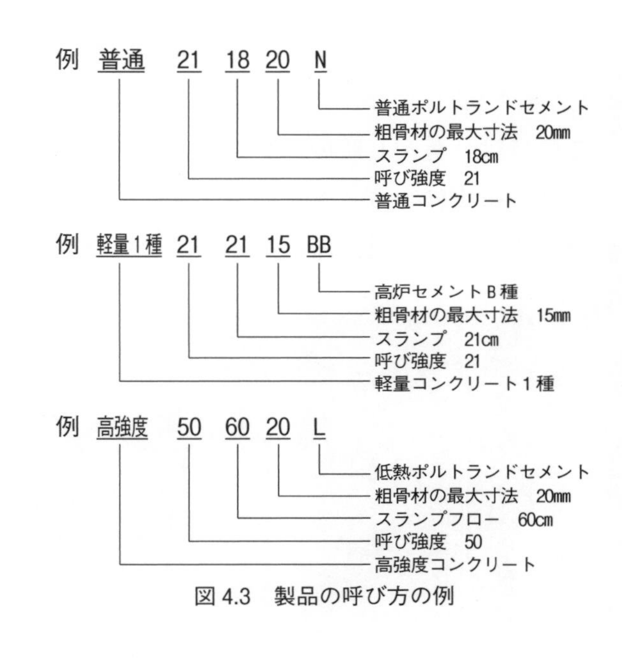

図 4.3　製品の呼び方の例

表 4.2　レディーミクストコンクリート（生コン）の種類[1]

コンクリートの種類	粗骨材の最大寸法 mm	スランプ又はスランプフロー[a] cm	呼び強度													
			18	21	24	27	30	33	36	40	42	45	50	55	60	曲げ 4.5
普通コンクリート	20, 25	8, 10, 12, 15, 18	○	○	○	○	○	○	○	○	○	○	–	–	–	–
		21	–	○	○	○	○	○	○	○	○	○	–	–	–	–
		45	–	–	–	○	○	○	○	○	○	○	–	–	–	–
		50	–	–	–	–	–	○	○	○	○	○	–	–	–	–
		55	–	–	–	–	–	–	○	○	○	○	–	–	–	–
		60	–	–	–	–	–	–	–	○	○	○	–	–	–	–
	40	5, 8, 10, 12, 15	○	○	○	○	○	–	–	–	–	–	–	–	–	–
軽量コンクリート	15	8, 12, 15, 18, 21	○	○	○	○	○	○	○	○	–	–	–	–	–	–
舗装コンクリート	20, 25, 40	2.5, 6.5	–	–	–	–	–	–	–	–	–	–	–	–	–	○
高強度コンクリート	20, 25	12, 15, 18, 21	–	–	–	–	–	–	–	–	–	–	○	–	–	–
		45, 50, 55, 60	–	–	–	–	–	–	–	–	–	–	○	○	○	–

注[a]　荷卸し地点での値であり，45 cm，50 cm，55 cm および 60 cm はスランプフローの値である。

質によって変動するため，一定の範囲ではらつきが許容されている。

表 4.3 は，JIS A 5308 に規定されている目標のスランプと許容範囲を示したものである。生コンは，生コン工場で製造され現場まで運搬されるが，運搬時間に伴ってスランプが低下して小さく（固く）なる。また，荷卸し地点に到着した時点から，製品に関する責任は，製造者である生コン工場から生コンの購入者である建設会社に移る（図 4.4 参照）。そのため，生コンを圧送する際には，荷卸し時のスランプ検査を建設会社が確実に行うとともに，圧送に伴うスランプの低下を見込んだ打込み時のスランプについても，事前に現場担当者間で充分な打合せが必要である。

高流動コンクリート・高強度コンクリートの場合にはスランプでは流動性の違いが見分けられないため，スランプフローで流動性を評価する。JIS A 5308 では，高強

表 4.3　JIS A 5308 に規定されている
スランプと許容差 1)

（単位：cm）

スランプ	スランプの許容差
2.5	± 1
5 および 6.5	± 1.5
8 以上 18 以下	± 2.5
21	± 1.5 (1)

注(1)　呼び強度 27 以上で，高性能 AE 減水剤を使用する場合は，± 2 とする

写真 4.3　コンクリートのスランプ試験の状況（右：スランプ 18cm のコンクリートの例）

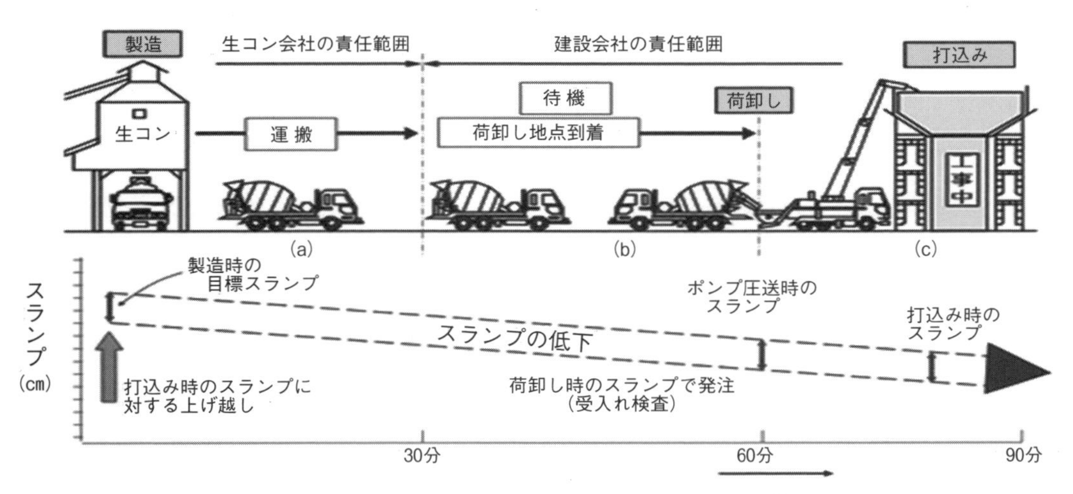

図 4.4　コンクリートの運搬によるスランプの低下 2)

度コンクリートのスランプフローについて，目標スランプフローの大きさにより表4.4に示すとおり許容範囲を定めている

表4.4 JIS A 5308に規定されているスランプフローと許容差[1)]

（単位：cm）

スランプフロー	スランプフローの許容差
45,50 および 55	± 7.5
60	± 10

(2) 空気量

コンクリート中の空気量は，寒冷地で凍害（凍結融解作用）を受けるときの抵抗性に影響し，少なくとも3%以上の混入が望ましい。逆に空気量が多いと強度低下に影響するため，一定の範囲に入るように変動を考慮して製造される。一般に，空気量の目標値は4.5 ± 1.5%と規定されており3～6%の範囲内になることを目標にしている。表4.5は，JIS A 5308の生コンで一般的に規定されている空気量の目標値と許容範囲である。この空気量の範囲は上下で3%も異なるが，それによるコンクリートの品質に与える影響は無視できないこともあるので，できるだけ目標値に近くなるように管理する必要がある。

表4.5 JIS A 5308に規定されている空気量と許容差[1)]

（単位：%）

コンクリートの種類	空気量	空気量の許容差
普通コンクリート	4.5	± 1.5
軽量コンクリート	5.0	
舗装コンクリート	4.5	
高強度コンクリート	4.5	

(3) 塩化物イオン量

コンクリート中の塩化物イオンは，一定の量（1.2kg/m^{3}程度とされている）を超えると，鉄筋コンクリート造で使用する内部の鉄筋が腐食しやすくなるため，初期にコンリートに含有される塩化物イオン量を一定量以内とするように規定されている。

通常，許容される塩化物イオン量は0.3kg/m^{3}とされ，購入者の承認が得られる場合は0.6kg/m^{3}まで許容されている。

塩化物イオンは海砂中に多く含まれるが，海砂を用いなくても，セメント，混和剤，水などにも塩化物イオンが混入されているため，コンクリート中の塩化物イオンの総量を測定することが義務づけられている。

なお，コンクリート中の塩化物イオン量は時間が経過しても変化しないため，生コン工場での測定で，荷卸し地点の製品検査時の測定に代えることができる。塩化物イオンの測定方法は，（一財）国土技術研究センターの評価を受けて基準に合格した装置が用いられ，塩化物含有量測定計（写真4.4参照）などがある。

(4) 強度（圧縮強度）

生コンは，表4.2に示した呼び強度の示す強度値を満足しているかを確認するため

写真4.4 コンクリート中の塩化物イオンの測定状況

に，圧縮強度試験を行う。試験を実施する材齢は，指定がない場合は28日，指定がある場合には，購入者の指定した材齢とする。

1回の試験結果注は，購入者が指定した呼び強度の85％以上，3回の試験結果の平均値は呼び強度以上と規定されている。

4.2.4 容積保証

生コンの容積は，荷卸し地点で，「レディーミクストコンクリート納入書」に記載されている容積を下回ってはならないと規定されている。これは，所定の空気量が入っている場合には，問題ないが，納入時に，空気量が減少すると容積が目減りする。そのため，納入書に記載された容量を保証できなくなることがあるため，一般的には，空気量が許容値の下限値となっても容積保証できるよう，1.04倍程度の容量を積載している。

4.2.5 材　料

生コンに使用する材料は，セメント，骨材（粗骨材，細骨材），水，混和材料（化学混和剤，混和材）である。

(1) セメント

コンクリートに最も使用されているセメントは，普通ポルトランドセメントである。そのほかには，高炉セメントB種，中庸熱ポルトランドセメント，早強ポルトランドセメントなどが，水和熱の抑制や早期の強度発現の必要性などに応じて使用される。

(2) 骨　材

骨材には，寸法が5mm以上の粗骨材と5mm以下の細骨材がある。粗骨材は砕石，砂利，スラグ粗骨材などが，細骨材は砂，砕砂，スラグ細骨材などがある（表4.1参照）。

(3) 水（練混ぜ水）

コンクリートの練混ぜ水には，上水道水，地下水，工業用水，回収水（上澄水，スラッジ水）がある。上水道水以外は，コンクリートへ悪影響を及ぼさないか否かを確認するため，品質の規定がある。

(4) 化学混和剤・混和材

コンクリートのワーカビリティーの改善，空気の連行，単位水量の抑制などを目的として化学混和剤を用いる。また，産業副産物のフライアッシュや高炉スラグ微粉末などの混和材を用いることで長期強度の増進や環境配慮に資する材料となっている。

4.2.6 配　合

生コンの配合（各材料の割合）や指定事項など，現場に必要な情報は表4.6に示す「レディーミクストコンクリート配合計画書」に記載される。配合設計は，各生コン工場が使用する材料を用いて生コンの製造に際し，技術資料を作成したのち社内標準化される。JIS品は，社内規格に定めて製造・出荷を行っている。

注　1回の試験結果とは，製品試験を行う1ロット（普通コンクリートは150m^{3}に1回，高強度コンクリートは100m^{3}に1回）を対象にする。

表 4.6　レディーミクストコンクリート配合計画書（例）

レディーミクストコンクリート配合計画書	No. 0000
（株）〇〇組 殿	2019 年 9 月 20 日
	製造会社・工場名　　〇〇レミコン（株）△△工場
	配合計画者名　　圧送　太郎

工　事　名　称	（仮称）〇〇マンション新築工事
所　在　地	東京都中央区日本橋〇〇町 1 丁目〇番△号
納入予定時期	2019 年 10 月 1 日～ 10 月 10 日
本配合の適用期間	2019 年 9 月 25 日～ 11 月 30 日
コンクリートの打込み箇所	1 階立ち上がり

配　合　の　設　計　条　件

呼び方	コンクリートの種類による記号	呼び強度	スランプ又はスランプフロー cm	粗骨材の最大寸法 mm	セメントの種類による記号
	普通	30	18	20	N

指定事項				
	セメントの種類	呼び方欄に記載	空気量	%
	骨材の種類	使用材料欄に記載	軽量コンクリートの単位容積質量	kg/m³
	粗骨材の最大寸法	呼び方欄に記載	コンクリートの温度	最高最低 ℃
	アルカリシリカ反応抑制対策の方法		水セメント比の目標値の上限	%
	骨材のアルカリシリカ反応性による区分	使用材料欄に記載	単位水量の目標値の上限	kg/m³
	水の区分	使用材料欄に記載	単位セメント量の目標値の下限又は目標値の上限	kg/m³
	混和材料の種類及び使用量	使用材料及び配合表欄に記載	流動化後のスランプ増大量	cm
	塩化物含有量	kg/m³ 以下		
	呼び強度を保証する材齢	日		

使　用　材　料

セメント	生産者名		密度 g/cm³		Na_2O_{eq} %	
混和材	製品名	種類	密度 g/cm³		Na_2O_{eq} %	

骨材	No.	種類	産地又は品名	アルカリシリカ反応性による区分 区分	アルカリシリカ反応性による区分 試験方法	粒の大きさの範囲 g)	粗粒率又は実積率 h)	密度 g/cm³ 絶乾	密度 g/cm³ 表乾	微粒分量の範囲 %
細骨材	①									
	②									
	③									
粗骨材	①									
	②									
	③									

混和剤①	製品名		種類		Na_2O_{eq} %	
混和剤②						

細骨材の塩化物量	%	水の区分		目標スラッジ固形分率	%
回収骨材の使用方法	細骨材		粗骨材		

配 合 表 kg/m³

セメント	混和材	水	細骨材①	細骨材②	細骨材③	粗骨材①	粗骨材②	粗骨材③	混和剤①	混和剤②

水セメント比	%	水結合材比	%	細骨材比率	%

備考　骨材の質量配合割合，混和剤の使用量については，断りなしに変更する場合がある。

4.2.7 製造・製造設備

(1) 材料貯蔵設備，製造・運搬設備

生コン工場におけるおもな製造設備と原材料の流れは図 4.5 に示すとおりである。おもな設備としては，①貯蔵設備，②計量設備，③練混ぜ設備および④運搬設備である。

貯蔵設備は，受け入れた原材料を貯蔵する設備で，セメントサイロ，骨材貯蔵サイロまたは骨材ヤード，混和剤タンクなどがある。原材料は，貯蔵設備（セメント・骨材サイロ）から練混ぜ設備がある貯蔵ビンへ，ベルトコンベアなどで供給され計量される。

安定した品質の生コンが現場に供給されるポイントは，各製造工程の管理によって決まる。ここでは，各種使用材料の貯蔵と計量，練混ぜ，積込み・運搬について解説する。

(a) セメントの貯蔵

セメントは，種類別に鋼製のサイロ（セメントサイロ）に貯蔵する。セメントサイロからプラントの貯蔵ビン（セメント）への輸送経路の途中に設けられている切替えダンパの作動状況をつねに点検管理する。

(b) 骨材の貯蔵

骨材は，日常管理ができる範囲内に設置されている貯蔵設備（骨材サイロ）に保管する。貯蔵設備は，種類別，品種別に区画したストックヤードまたはサイロとする。骨材の表面水を安定させるためにストックヤードやサイロには屋根を設け，床はコンクリート製として排水性をよくする。特に，細骨材の表面水の変動はコンクリートのスランプを大きく変動させるので，細骨材置

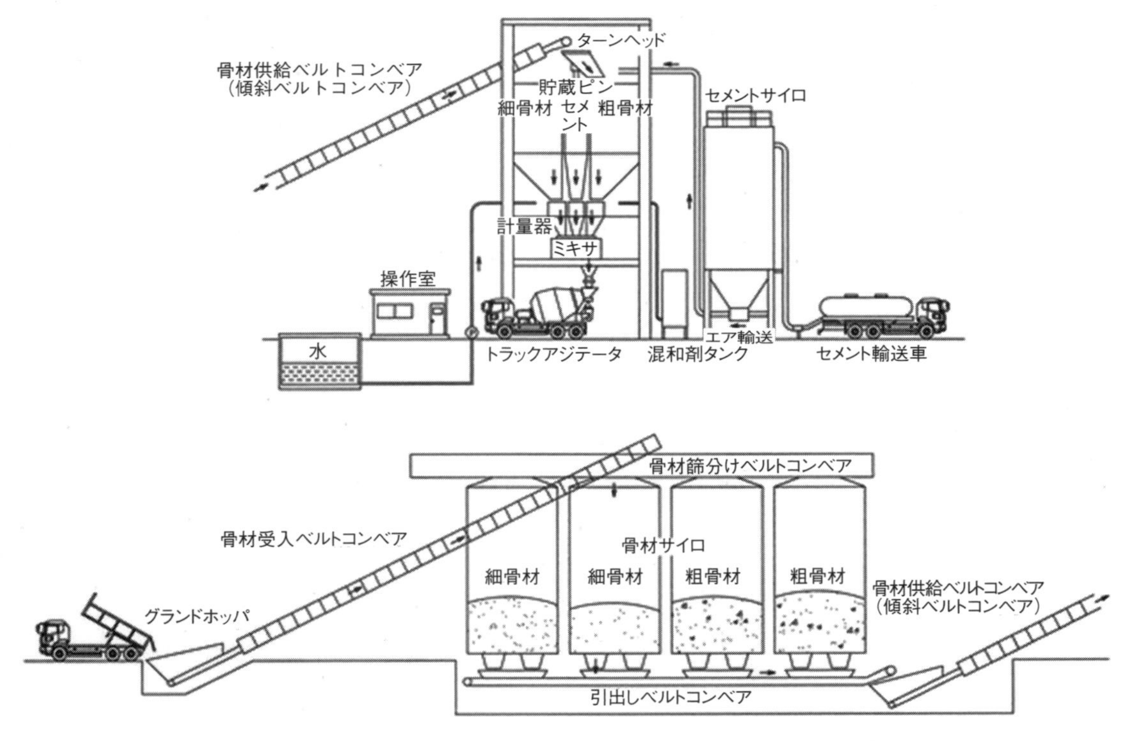

図 4.5 生コン工場におけるおもな製造設備と原材料の流れ [2)]

場の区画数を多くして，つねに表面水の安定した細骨材を使用できるように工夫されている。

また，粗骨材の貯蔵に際しては，大小粒が分離しないようにしなければならない。

分離した粗骨材を用いて製造したコンクリートはワーカビリティーが悪く圧送性や施工性を阻害する。粗骨材の分離対策としては，同じ種類の骨材であっても2分割ないしは3分割して貯蔵，計量して使用することが有効である。

軽量骨材の置場には散水装置を設置し，使用前の軽量骨材を十分にプレウェッティング（散水により十分に湿らせる）してから使用する。プレウェッティングが不十分な軽量骨材を用いたコンクリートは圧送時にコンクリート中の水が骨材に加圧吸水されてスランプ低下が大きくなり閉塞を起こす原因となる。

(c) 化学混和剤の貯蔵

コンクリートの製造に使用する化学混和剤は，専用のタンクに貯蔵して撹拌装置を設けて分離・沈殿を防ぐ。また，変質したり凍結したりしないように管理する。

(d) 練混ぜ水

練混ぜ水には，地下水，工業用水などが一般的に使用されている。回収水（スラッジ水）を練混ぜ水として使用する場合は，その濃度管理を厳重に行わなければならない。濃度管理が不十分なスラッジ水を練混ぜ水として使用したコンクリートは，スランプの変動が大きくなり，ワーカビリティーに影響を及ぼし，圧送性や施工性を阻害することがある。

(2) 材料の計量

生コン製造時に，使用材料を計量する場合は，1回に練り混ぜる量（1バッチ）に必要な量を質量で計る。各材料の計量誤差は，表4.7の範囲内であることがJIS A 5308に規定されている。

また，計量器は繰り返し使っていると精度が落ちるので，定期的（1回／半年）に検査（動荷重検査）をして調整をしなければならない。

表4.7　計量誤差の最大値の規定[1)]

材　料	計量誤差の最大値（%）
セメント	±1
骨材	±3
水	±1
混和材	±2[a)]
混和剤	±3

注a)　高炉スラグ微粉末は±1%

(3) 練混ぜ

生コンの練混ぜに用いるミキサには，強制練りミキサ（パン型，2軸式），重力式ミキサ（可傾式）などがあるが，練混ぜ性能がよく，しかもランニングコストが小さく，生産性が高いなどの理由から，近年，2軸式強制練りミキサがおもに使われている。

ミキサの容量には0.5～6m^{3}のものがあり，生コンの需要が多い都市部などでは6m^{3}ミキサを備えた生コン工場もある。

ミキサへの材料の投入順序はミキサの形式，骨材の種類，配合などによって異なるが，一般には，モルタルを先に練ってその後から粗骨材を投入する。

また，練混ぜ時間はコンクリートが均一に混ざる時間を練混ぜ性能試験によって定めている。2軸式強制練りミキサの場合の練混ぜ時間は普通コンクリートでは40～60秒程度であるが，セメント量が非常に多い高強度コンクリートでは数分を要する場合がある。

(4) 運　搬

生コン工場のオペレータは，コンクリートをミキサから積込みホッパへ投入したとき，コンクリートの練上がり状態（スランプ，ワーカビリティー）と容積を目視などで確認（写真4.5参照）してトラックアジテータへ積み込む（写真4.6参照）。

一方，トラックアジテータの運転者は，生コンを積み込む前にドラムを逆回転してドラム内の洗浄水などを完全に排出して積込み位置にトラックアジテータを移動する。コンクリートを積み込んだ後にホッパの洗浄，トラックアジテータのドラム内に加水をしてはならない。

生コンは時間の経過とともにスランプの低下（図4.6参照），空気量の減少によりワーカビリティーが低下して施工しにくくなる。そのため，JIS A 5308では1.5時間以内に荷卸し地点に到着するように運搬しなければならないと規定している。特に気温が高く，コンクリートの温度が30℃を超える夏場の高温時には，品質の変化が激しく圧送時のトラブル原因となるので，時間の限度を短く定めるなど十分な打合せが必要である。

生コンの運搬は，指定された時間に，要求されたピッチで行うことが基本であるが，交通渋滞にあったり思わぬトラブルに巻き込まれたりすることもあるので，運転

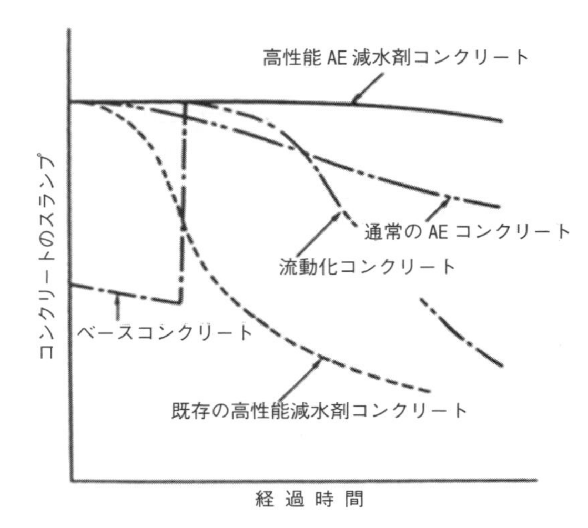

図4.6　コンクリートのスランプの経時変化（各種の化学混和剤の違いの比較）

写真4.5　生コン工場での製造オペレーションの例

写真4.6　出荷前のトラックアジテータの例

者と生コン工場，生コン工場と現場の間の連絡を密にすることが大切である。

生コンの運搬時間は，これまで「練混ぜを開始してから1.5時間以内に荷卸しができるように，運搬しなければならない。」とされてきた。しかし，2011年に次のように変更された。

「生産者が練混ぜを開始してからトラックアジテータが荷卸し地点に到着するまでの時間とし，その時間は1.5時間以内とする。」

図4.7に生コン工場から現場への運搬と各種規定の関係を示す。

また，表4.8に運搬時間・打込み終了までの限度に関する規定を示す。JIS A 5308では荷卸し地点到着までの時間が規定され，一方，土木学会の『コンクリート標準示方書』，日本建築学会の『鉄筋コンクリート工事標準仕様書（JASS 5)』では，打込み終了までの時間が規定されている。また，外気温により限度時間が異なっている

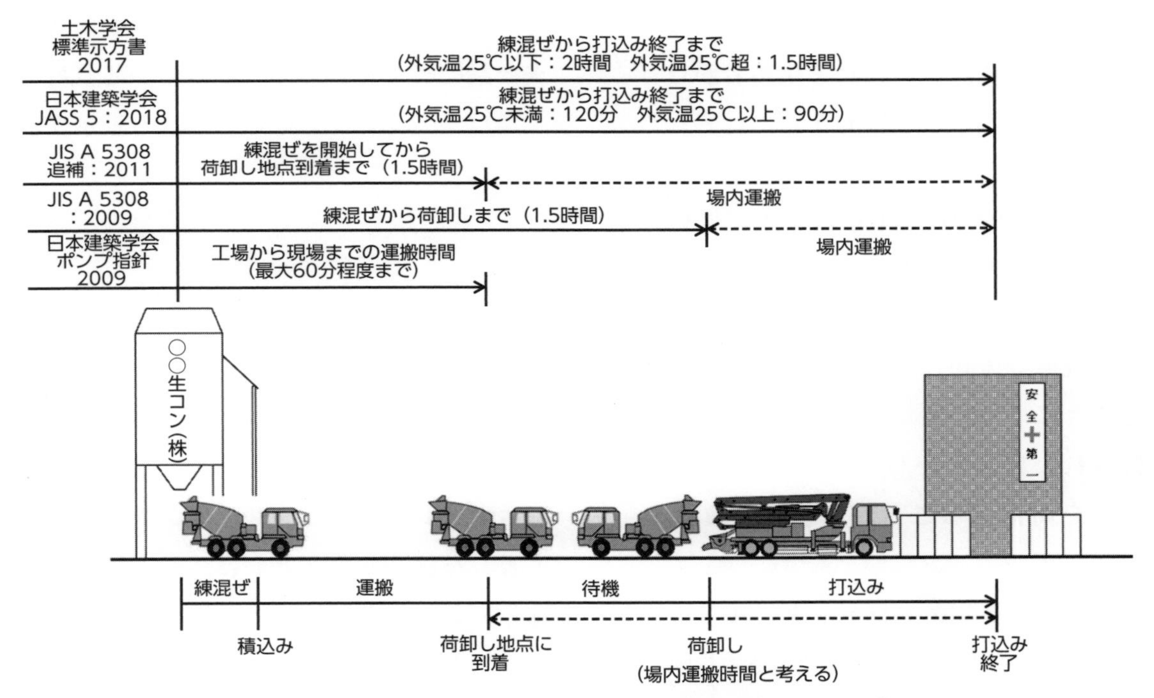

図4.7　生コン工場から現場への運搬の経路と関連する規定[3)]

表4.8　運搬時間・打込み終了までの限度に関する規定

区分	JIS A 5308 (2019)	土木学会 コンクリート標準示方書（2017）		日本建築学会 JASS 5（2018）	
範囲	練混ぜから 荷卸し地点到着まで	練混ぜから 打込み終了まで		練混ぜから 打込み終了まで	
限度（分）	90[(1)]	外気温が25℃を 超えるとき	90	外気温25℃以上	90
		外気温が 25℃以下のとき	120	外気温25℃未満	120

注[(1)]　購入者と協議のうえ運搬時間の限度を変更（短縮または延長）することができるとしている。一般に暑い季節にはその限度を短くするとよい。

ため，圧送に際しては，打込み終了までの時間を十分管理して行う必要がある。

現場に到着したトラックアジテータから，生コンを荷卸しする際に，打込み工程の遅れなどによりトラックアジテータが待機する場合がある。この待機時間が，運搬時間の一部にみなされることがあり，生コンを製造する生産者とこれを購入する建設会社（ゼネコン）などの購入者との間で，解釈の相違が生じてトラブルとなることがある。

JIS A 5308の2011年の追補改正は，現場における荷卸しの遅れを生産者が負うことを防止することを目的として行われたものである。

JIS A 5308の2011年の改正に伴い，生産者と購入者間のトラブルであった運搬時間に関する定義をより具体的な表現に変更し，現場で荷卸しするまでに時間がかかったことにより，生コン工場からきちんと運搬されたにもかかわらず，「返品」となることを防止することができるようになった。

また，トラックアジテータに残ったコンクリート（残コンクリート），発注しすぎて余ったコンクリート（戻りコンクリート）については，施工者が責任をもって現場で処理するか，有償で生コン工場に処理を依頼するケースが近年多くなってきている。

なお，施工時にコンクリートポンプ車に残った生コンについても，処理せず走行すると過積載となり違法となるため，施工者が責任をもって，現場で処理するか，トラックアジテータへ戻して，生コン工場で処理してもらうことが必要である。

4.2.8 品質管理・製品検査

生産者は，出荷する生コンの品質が適切であることを保証するために品質管理を実施している。また，出荷した製品については，生コンの荷卸し地点における製品検査を実施し，管理図を作成して品質の変動を確認している。なお，生コン工場が適切な製品を製造・出荷していることの証明は，JIS認証の取得で保証できる仕組みとなっているが，全国生コンクリート品質管理監査会議の監査を定期的に受けている良好な工場は，さらに，「㊜マーク」の表示が許可されている。

4.3 レディーミクストコンクリートの受入れ

購入者（おもにゼネコン）が，購入した生コンを現場で受け入れる際には，表4.9に示す「レディーミクストコンクリート納入書」を確認するとともに，受入検査を実施し，発注した生コンの品質（強度，スランプまたはスランプフロー，空気量，塩化物量など）を確認する。発注に際しては，施工中に必要なコンクリートの充填性（流動性を支配するスランプと材料分離抵抗性を左右する単位粉体量）をもち，打込み後に速やかに強度（水セメント比と相関）を発現し，劣化因子の浸透を抑制できるものとして仕様を定めており，図4.8に示すように受入検査を経て，責任が製造者から施工者へ移管されることとなる。

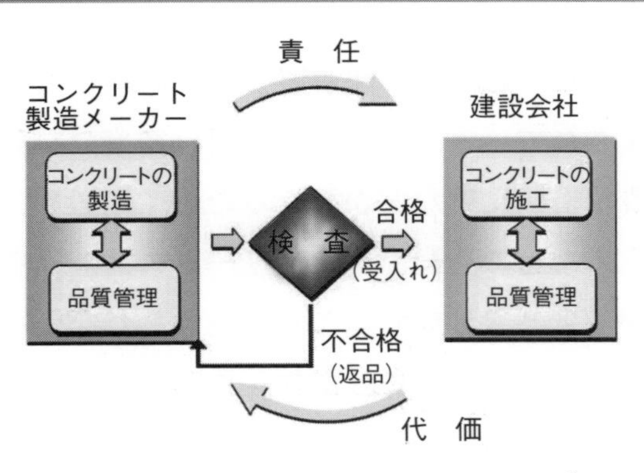

図 4.8　生コンの検査の目的と品質管理[4)]

［引用文献］

1)　JIS A 5308－2014（レディーミクストコンクリート）

2)　一般社団法人全国コンクリート圧送事業団体連合会：登録コンクリート圧送基幹技能者講習テキスト 2019，p.114, 117, 2019 年

3)　一般社団法人全国コンクリート圧送事業団体連合会：最新コンクリートポンプ圧送マニュアル，p.102, 井上書院，2019 年

4)　十河茂幸：コンクリートのここが問題 20，p.20，セメントジャーナル社，2002 年

表 4.9　レディーミクストコンクリート納入書の一例

<table>
<tr><td colspan="11">レディーミクストコンクリート納入書
No. 0000
2019 年　10 月 1 日
（株）○○組　　殿
製造会社・工場名　　○○レミコン（株）　△△工場</td></tr>
<tr><td colspan="5">納　入　場　所</td><td colspan="6">（仮称）○○マンション新築工事</td></tr>
<tr><td colspan="5">運　搬　車　番　号</td><td colspan="6">705</td></tr>
<tr><td colspan="4" rowspan="2">納　入　時　刻</td><td>発</td><td colspan="6">8 時　30 分</td></tr>
<tr><td>着</td><td colspan="6">9 時　00 分</td></tr>
<tr><td colspan="5">納　入　容　積</td><td colspan="2">m³</td><td colspan="2">累　計</td><td colspan="2">m³</td></tr>
<tr><td colspan="2" rowspan="2">呼　び　方</td><td colspan="2">コンクリートの種類による記号</td><td>呼び強度</td><td colspan="2">スランプ又はスランプフロー cm</td><td colspan="2">粗骨材の最大寸法 mm</td><td colspan="2">セメントの種類による記号</td></tr>
<tr><td colspan="2">普通</td><td>３０</td><td colspan="2">１８</td><td colspan="2">２０</td><td colspan="2">N</td></tr>
<tr><td colspan="11">配　合　表 a)　kg/m³</td></tr>
<tr><td>セメント</td><td>混和材</td><td>水</td><td>細骨材①</td><td>細骨材②</td><td>細骨材③</td><td>粗骨材①</td><td>粗骨材②</td><td>粗骨材③</td><td>混和剤①</td><td>混和剤②</td></tr>
<tr><td>337</td><td>—</td><td>175</td><td>833</td><td>—</td><td>—</td><td>917</td><td>—</td><td>—</td><td>3.37</td><td></td></tr>
<tr><td colspan="2">水セメント比</td><td colspan="2">52.0%</td><td>水結合材比 b)</td><td>—　%</td><td>細骨材率</td><td>48.0%</td><td colspan="2">スラッジ固形分率</td><td>—　%</td></tr>
<tr><td colspan="4">回収骨材置換率 c)</td><td>細骨材</td><td colspan="2">—</td><td colspan="2">粗骨材</td><td colspan="2">—</td></tr>
<tr><td colspan="11">備考　配合の種別
☐標準配合　☐修正標準配合　☐計量読取記録から算出した単位量
■計量印字記録から算出した単位量　☐計量印字記録から自動算出した単位量
RHG 30 %／RW2(2.5 %) FA Ⅱ 10 %</td></tr>
<tr><td colspan="2">荷受職員認印</td><td colspan="4"></td><td colspan="2">出荷係認印</td><td colspan="3">圧送太郎</td></tr>
<tr><td colspan="11">注記　用紙の大きさは、日本工業規格 A 列 5 番（148mm × 210mm）又は B 列 5 番（182mm × 256mm）とするのが望ましい。
注 a)　標準配合、修正標準配合、軽量読取記録から算出した単位量、計量印字記録から算出した単位量、若しくは計量印字記録から自動算出した単位量のいずれかを記入する。また、備考欄の配合の種別については、該当する項目にマークを付す。
b)　高炉スラグ微粉末などを結合材として使用した場合だけに記入する。
c)　回収骨材の使用方法が“A 方法”の場合には“5% 以下”と記入し、“B 方法”の場合には配合の種別による骨材の単位量から求めた回収骨材置換率を記入する。</td></tr>
</table>

5　打込み・締固めの基本

5.1　打込みの基本

5.1.1　打込みとは

生コン工場で製造されたコンクリートは，予定された現場にトラックアジテータで運搬される。現場に到着したコンクリートは受入検査に合格した後に，コンクリートポンプ車のホッパに供給され，所定の箇所にポンプの筒先から排出される。この行為を一般に「打込み」という。

コンクリートはセメント，水，細骨材，粗骨材そして混和材料がミキサで練り混ぜられたものであり，まだ固まらない状態のコンクリートをフレッシュコンクリートという。

フレッシュコンクリートに要求される性質は次のようである。

①いろいろな形状を有する型枠内，そして各種配筋条件下においてコンクリートが流動し，充填できる。

②振動機などを用いることにより余分な空気を追い出して密実なコンクリートになる。

③材料分離が生じにくく，均質なコンクリートである。

コンクリートの打込みのポイントは，生コン工場で製造されたコンクリートの品質をできるだけ変化させないように運搬し，材料分離をさせることなく，できるだけ速やかに打ち込むことにある。打込みという行為において理解しておかなければならないコンクリートの重要な性質が“材料分離”である。

前述したようにコンクリートはセメント，水，細骨材，粗骨材，混和材料から構成されている。これらの材料は密度,粒形,質量構成比率などが異なるため，運搬や打込みなどの過程でコンクリートの構成材料が多少とも分離することは避けられない。

一方，打ち込まれたコンクリートは，時間の経過に伴い，含まれる水がコンクリート内部から表面に出てくる。この現象はブリーディングとよばれ，材料が分離する現象の一つである。

すなわち,コンクリートの材料分離には,打込み・締固め中に主として起こる粗骨材が分離する現象と，打込み後に生じるブリーディングとよばれる水が分離する現象がある。

5.1.2　粗骨材の分離

コンクリートの構成材料のうち，大きな粒子である粗骨材がフレッシュコンクリートから離れて1か所に集まるような状態を想像するとわかりやすい。コンクリートを傾斜面で移動させると，大きな粒子である粗骨材は慣性力が大きく遠くに移動し，小さな粒子の集まりであるモルタル部分は慣性力が小さいので，斜面の端部近くに集まる（図5.1参照）。

土木学会『コンクリート標準示方書』では，シュートを用いてコンクリートを打ち込む場合は，縦シュートを使用し，斜めシュートはできるだけ用いないように規定しているのは，材料分離を生じやすいからである。やむを得ず斜めシュートを使用する場合は，その傾きは，水平２に対して鉛直１程度の斜度を標準としている。図5.1はコンクリート中の粗骨材の材料分離のイメージを示したものである。

同様に，コンクリートを高い場所から落下させると，大きな粒径の粗骨材ほど遠くへ移動して分離しやすい傾向が認められる。この現象は，コンクリートが停止したときに骨材がモルタルの中から飛び出す距離は，骨材の粒径の２乗，骨材の密度および初速度に比例し，コンクリートの粘性に反比例する（コラム5.1参照）。すなわち，骨材は，粒形が大きいほど，密度が大きいほど，コンクリートの粘性が小さいほど，そしてコンクリートの速度が大きいほど分離しやすいことを示している。粒子径が大きい粗骨材のほうが細骨材よりも分離しやすいことがわかる。

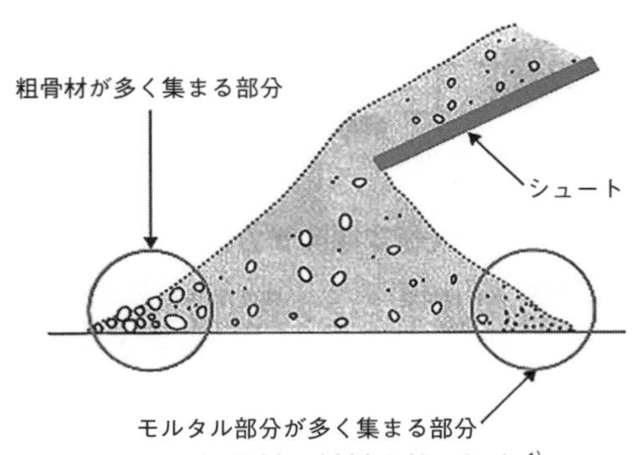

図5.1　粗骨材の材料分離の概念[1)]

［コラム　5.1］

運動していたコンクリートが停止した場合に骨材粒子がモルタルから飛び出す距離 x_0 は次式で表わされる。

$$x_0 = \frac{2\rho r^2 v_0}{9\eta}$$

ただし，r　：粒子の径

ρ：粒子の密度

v_0：初速度

η：モルタル粘性係数

5.1.3　ブリーディング

5.1.1で述べたように，粗骨材の分離とは異なる原因で発生する材料分離の現象がある。その現象は，ブリーディングとよばれており，コンクリートを練り混ぜる際に用いられた水が分離するものである。この現象は，コンクリートの運搬中や打込み作業中に直ちに現われる現象ではない。コンクリートを打ち込み，締固めが終了した後に生じる現象であり，ある程度時間が経過してから現われる。

セメント，砂利，砂，水などの密度が異なる複数の材料でコンクリートは構成されているため，最も密度の小さい水は，打込みおよび締固めの終了後に浮上しようとする。このブリーディング水が多いと，上昇するブリーディング水が鉄筋やセパレータ，粗骨材の下面などに残ることになる。そうすると，締め固められたコンクリート

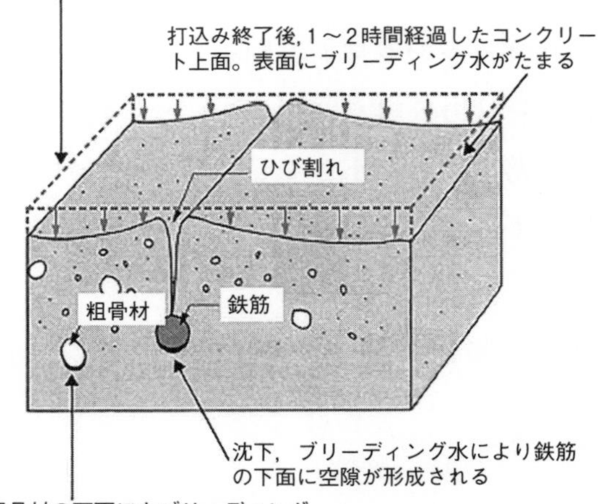

図5.2　ブリーディングの発生概念[1)]

内部に緻密な組織を造りにくくするため，耐久性にも影響を与える（図 5.2 参照）。

コンクリートは締固めが終了すると時間の経過に伴い，程度に差はあるがその表面が沈下する。ブリーディング水が多いと，水の上昇に伴いコンクリートが沈下する現象が顕著に現われる。構造物の内部には鉄筋やセパレータなどがあり，これらがコンクリートの沈下を妨げると沈下ひび割れとよばれるひび割れが生じやすくなる（写真 5.1 参照）。この沈下ひび割れは打込み後に生じるため，材料の選定や配合（調合）設計での対応が必要で，計画段階が重要となる。沈下ひび割れが生じた場合は，タンピングで対応できるが，内部まで修復できないことに注意が必要である。

5.1.4　材料分離の抑制

コンクリートの打込みの要点は，製造されたコンクリートの品質をできるだけ変化させないように，材料分離をさせることなく，できるだけ速やかに打ち込むことにある。そして，コンクリートが打ち込まれた後に生じるブリーディングに起因する沈下ひび割れなどを極力抑制することである。

粗骨材の分離を抑制するには，打込みの際に落下高さを小さくし，できるだけ鉛直に落下させて，横移動を小さくすることである。1 層の高さを大きくすると，流動しやすく，横への移動距離が大きくなるので分離しやすくなる。したがって，『コンクリート標準示方書』では，1 層の高さは 40 ～ 50cm 以下を標準としている。

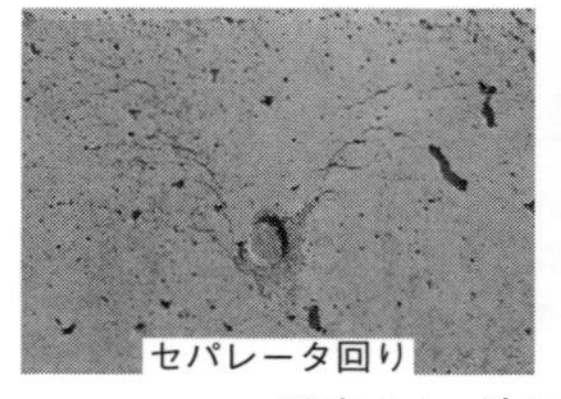

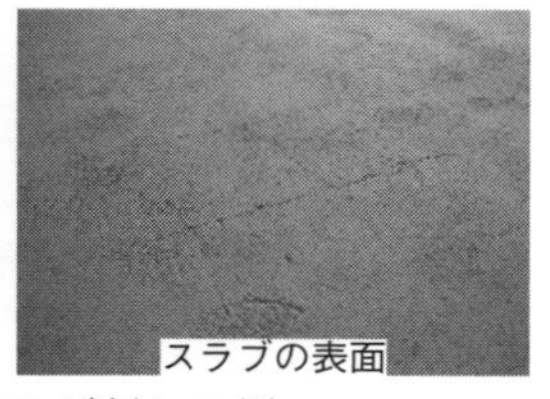

写真 5.1　沈下ひび割れの例

コンクリートに含まれる水は，コンクリートの強度発現に必要な水量よりも多くの水が含まれている。この余分な水は，コンクリートを施工しやすくするためのもので重要な役割を有している。そのため，コンクリートの粘性が高いと，水は分離しにくく，粘性が低いと分離しやすい。たとえば，水セメント比が小さいコンクリートは粘性が高くなるからブリーディングは生じにくく，逆に，水セメント比が大きいコンクリートはブリーディングが生じやすいことになる。

ブリーディングが過度である場合には，材料の選定や配合（調合）の計画にまで戻ることが必要となる。コンクリートの品質管理や検査にはブリーディングに関する規定はないが，材料分離の抑制を考えると，適度なブリーディングを考慮した材料および配合（調合）選定にまで気を配ることが望まれる。

5.2　締固めの基本

5.2.1　締固めとは

締固めは，打ち込まれたコンクリートに含まれる不要な空気を減少させ，型枠の隅々にまで流動させ，密実なコンクリートとすることにある。その結果，鉄筋などの埋設物との付着をよくさせ，所要の構造性能や耐久性能を有するコンクリート構造物を構築できる。

フレッシュコンクリートに振動を与える目的は，大きく2つある。品質の観点からは，コンクリートの練混ぜ，運搬そして打込みの各作業中に空気が巻き込まれ，この巻き込まれた空気を追い出し，緻密化することにある。他方,生産という観点からは,大幅な締固め作業を省力化し，それに伴いコンクリート作業の効率化が図れることにある。

さて，フレッシュコンクリートに振動を加えるとコンクリートは流動を始める。これは，コンクリート中の固体粒子が互いに接触して安定していたものが，振動を受けると粒子が別々の運動をして，せん断応力に対する抵抗力が失われるからである。これをコンクリートの液状化という。

このコンクリートに生じる液状化作用は振動機の加速度に比例することがわかっており，そして，加速度を大きくするには振動数を大きくすることが効果的である。そのため，一般的に使用される振動機の振動数は200 ～ 300Hzという高周波の振動数となっている。

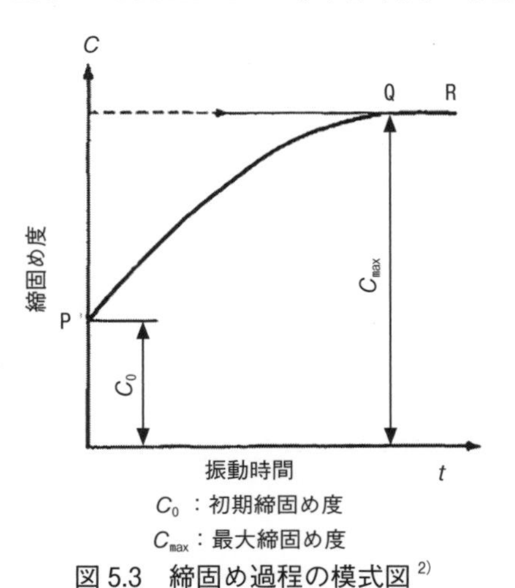

図 5.3　締固め過程の模式図 [2)]

図5.3は，振動を加えた場合のフレッシュコンクリートの締固めの過程を模式的に描いたものである。PからQは締固めが進行していくことを表わし，Q以降は締固めが終了したことを示している。

5.2.2　振動の伝搬

棒形振動機を気中で起動させると大きな振動（加速度）が発生する。しかし，棒形振動機をコンクリート中に挿入するとその振動（加速度）が小さくなることは周知の事実である。この小さくなることを減衰という。

棒形振動機をコンクリートに挿入した場合に，加速度の伝わり具合を測定した例を図5.4に示す。図の加速度分布に示すように，振動機の中心から離れるほど，加速度は減衰している。これは，コンクリートが抵抗することによる減衰（負荷減衰），振

［コラム　5.2］

○液状化作用は，(1)式で表わされる。すなわち，振動の振幅aに比例し，振動数nの2乗に比例し，波速cに反比例する。

$$L=\frac{2\pi an^2}{c} \qquad (1)$$

L：液状化作用

n：振動数，a：振幅，c：進行速度

○液状化作用は(2)式でも表わされ，振動機の加速度a_{max}に比例することがわかっている。加速度を大きくするには，振動数nを大きくすることが効果的であることが(3)式からわかる。

$$L\propto\frac{a_{max}}{2\pi c} \qquad (2)$$

$$a_{max}=4\pi an^2 \qquad (3)$$

動棒付近の乱れの領域における減衰(境界減衰)および振動中心からの距離による減衰(距離減衰)が原因であるといわれている。

棒形振動機の振動数，振幅を変化させた場合に，振動の影響範囲を実験的に求めた例を図 5.5 に示す。振動数が 12,000vpm (200Hz) 前後で有効範囲が大きく，振幅が大きいほうが有効範囲は広いことを示している。棒形振動機の有効範囲は振動機の直径の 10 倍程度とされており，直径 50mm 程度の振動機の場合は，有効半径は

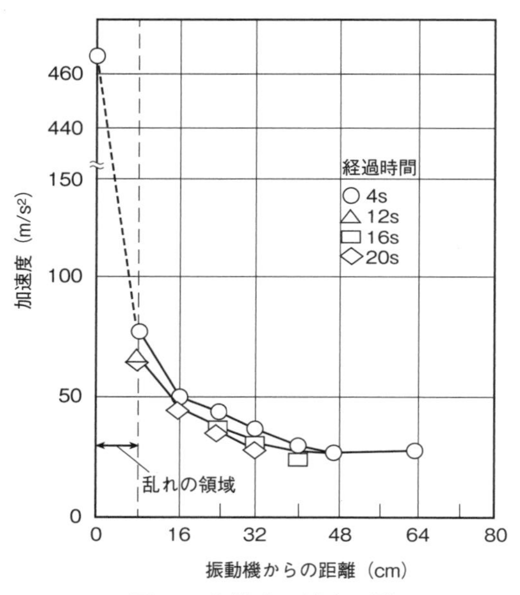

図 5.4　加速度の減衰の例

5 倍程度であるので，挿入間隔は 50cm 程度となる。

土木学会『コンクリート標準示方書』では，棒型振動機の挿入間隔は，振動が有効であると認められる範囲の直径以下とし，平均的な流動性および粘性を有するコンクリートに対しては，一般に，50cm 以下が推奨されている。一方，建築学会『建築工事標準仕様書・同解説 JASS 5 鉄筋コンクリート工事』では，棒型振動機の挿入間隔は，60cm 以下としている。建築用のコンクリートは土木用のコンクリートよりも一般にスランプが大きいため，締固めがしやすいことによる。これは，スランプの相違が振動締固めに影響を及ぼしていることを考慮したことによる。

5.2.3　締固めエネルギー

コンクリートの締固めの現象をわかりやすく定量的に説明することは難しいが，最近は，締固めエネルギーという観点でとらえて次のように説明している。これは,「図 5.3 締固め過程の模式図」の横軸の振動時間を締固めエネルギーに変更して示したものであり，締固めの現象を定式化したもの

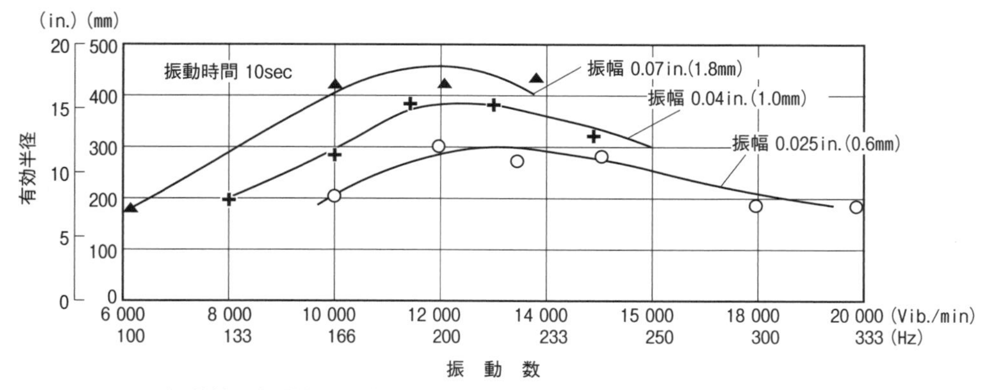

図 5.5　振動機の振動数・振幅と有効半径の締固め有効半径の例 (L. Forssblad, 1965)

である（図 5.6 参照）。締固めという現象はこの図のように徐々に締め固まっていくのであり，締固めという現象が理解しやすくなる。締固めのしやすさがコンクリートのスランプの違いによって異なることは経験的にわかっていることである。図 5.7 には，スランプと締固めエネルギーと締固め度の関係を示したものである。同じ締固めエネルギーの場合には，たとえば，締固めエネルギーが 2 の場合，スランプ 12cm，15cm のコンクリートは締固め度がほぼ 100％となり，十分に締め固まっていることがわかるが，スランプ 5cm のコンクリートでは約 90％であり，スランプが大きくなるほど締固め度が高い数値となり，締固めしやすいことがわかる。

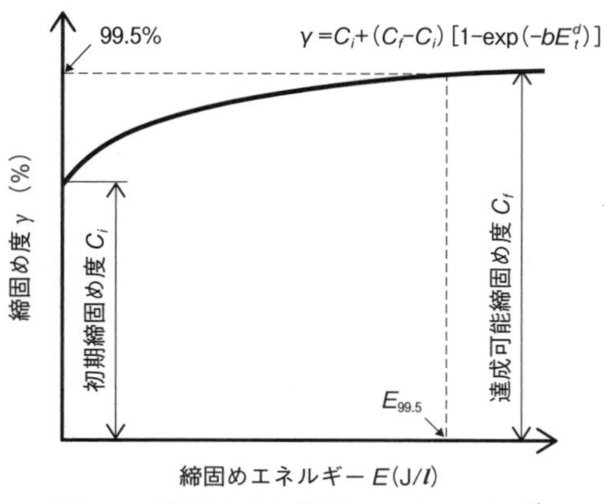

図 5.6　締固め度と締固めエネルギー [3)]

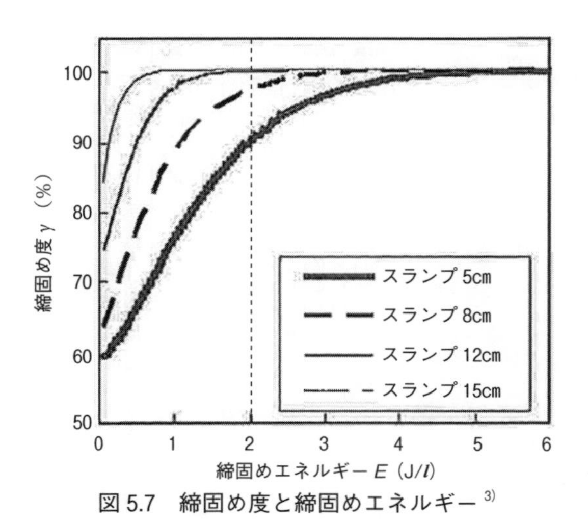

図 5.7　締固め度と締固めエネルギー [3)]

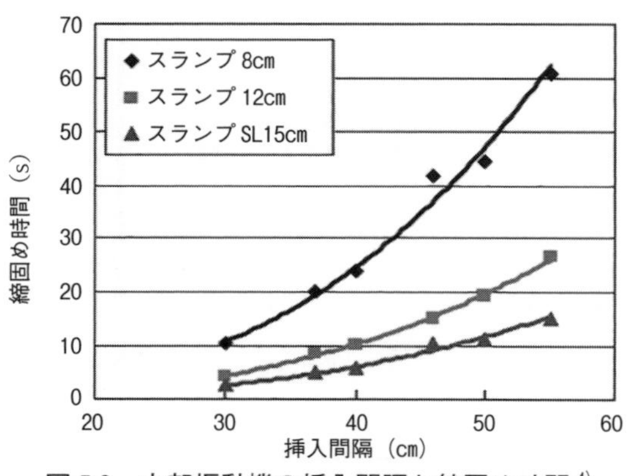

図 5.8　内部振動機の挿入間隔と締固め時間 [4)]

一方，同一配筋条件において，ϕ60mm の内部振動機を使用した場合に，スランプ 8，12，15cm のコンクリートが十分締め固められるのに必要な内部振動機の挿入間隔と締固め時間の関係を試算した例を図 5.8 に示す。内部振動機の挿入間隔が同じ場合は，スランプが小さくなるに従い締固め時間が長くなることがわかる。

締固めという経験的にはわかっていることを，図を用いて説明できるようになってきている。

5.2.4　締固め道具の種類

コンクリートの締固めに使用される道具としては，木づち，型枠振動機および棒型振動機が一般的である。締固めに使用される振動機は，目的に応じて多種多様な種類が開発され，実用化されている。おもな締固め道具を図 5.9 に示す。

コンクリートの締固めは，振動締固めが基本であり，コンクリートの内部に振動機を挿入する棒形振動機を用いるのが一般的である。また，部材の表層部を補助的に締め固める場合には，型枠振動機や木づちなどを用いることも多くある。

棒形振動機は，JIS A 8610（建設用機械及び装置—コンクリート内部振動機）に適合するものを使用する。振動部が円筒状の棒状振動機とよばれるものが最も多く使用されている。振動機構は，振動体内に内蔵された偏心錘回転式と回転軸が遊星運動をして打撃振動を発生する方式がある。

棒型振動機には，生コン工場から供給される一般のコンクリートを対象としたものから，ダムコンクリートのような粗骨材の粒径が大きい低スランプのコンクリートを対象としたものまでいろいろな種類がある。また，深い箇所や狭い箇所を対象とした槍のように長い振動機もある。振動音の低減や鉄筋・型枠への傷を防止するために振動機の先端にゴム製のラバーを装着した振動機も使用されている。

高容量なリチウムイオンバッテリーの出

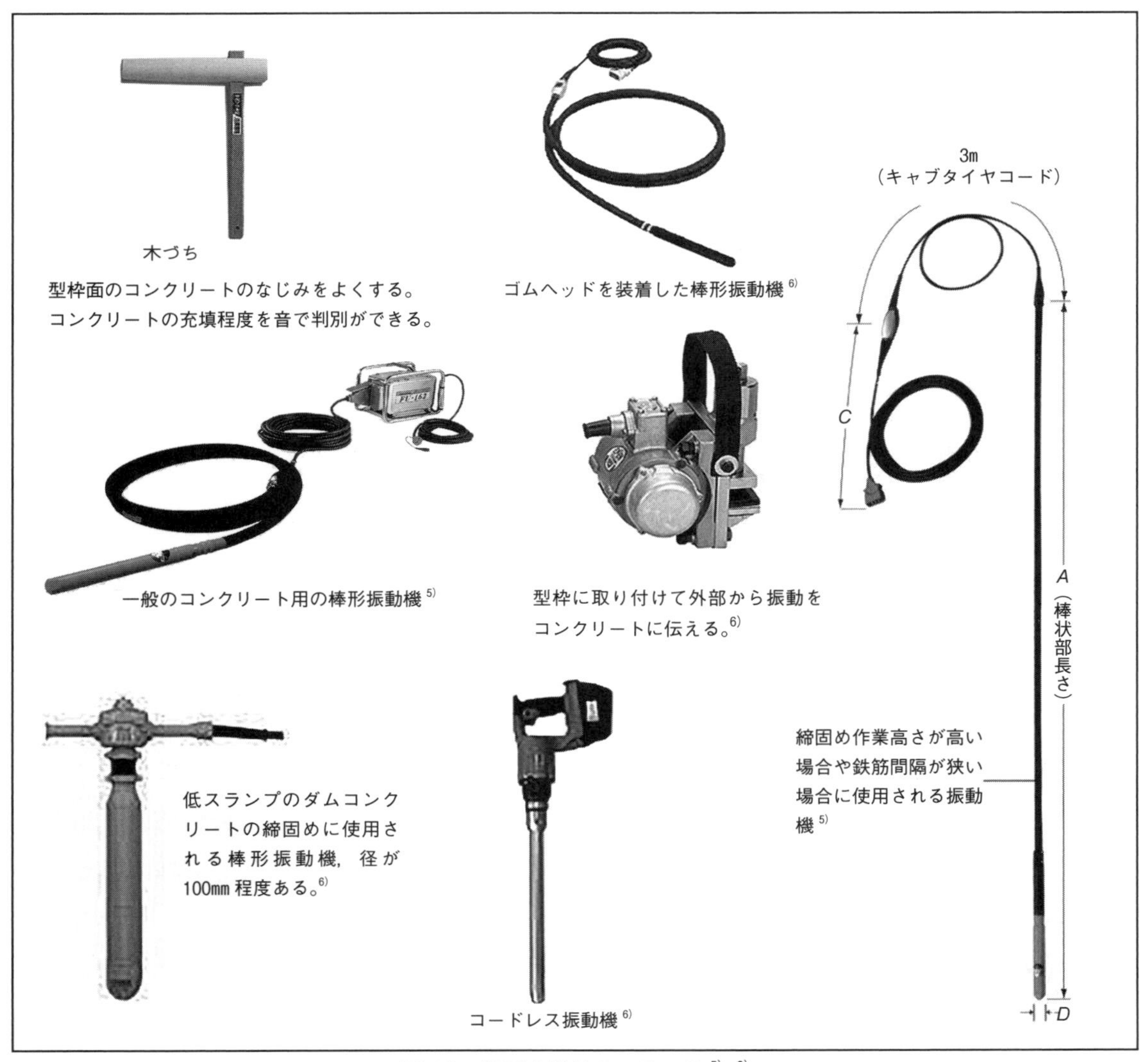

図 5.9　締固め道具のいろいろ 5)，6)

現により，作業性や利便性に優れたコードレスの振動機が実用化されている。

型枠振動機は，JIS A 8611（建設用機械及び装置―コンクリート外部振動機）に適合するものを使用する。型枠外側に振動機を取り付ける場合や，型枠の外側から外部振動機を接触させて締固めを行うことが多い。

型枠振動機には，振動モータを取り付けたタイプ，型枠に据え置くタイプや手持ち型がある。二次製品工場や内部振動機が使用できない箇所，仕上げなどに用いられる。また，表面振動機とよばれるものがある。コンクリート表面に振動機を当てて，コンクリートの締固めおよび表面仕上げを行うものであり，振動台上にエンジンを搭載したものやアルミ板材などに振動モータを直接取り付けたものがある。道路舗装，床などの締固めや表面仕上げに使用されている。

［引用文献］

1) 十河茂幸・信田佳延・栗田守朗・宇治公隆：現場で役立つコンクリート名人養成講座 改訂版，p.41，日経 BP，2008 年
2) 村田二郎：フレッシュコンクリーの挙動に関する研究，土木学会論文集，No.378/V－6，p.27，1987 年 2 月
3) 梁俊・國府勝郎・宇治公隆・上野敦：フレッシュコンクリートの締固め性試験法に関する研究，土木学会論文集 Vol.62，No.2，p.419，422，2006 年 6 月
4) 梁俊・丸屋剛・坂本淳・松元淳一・桝野勝也・下村泰造・松井祐一：締固め完了エネルギーによるコンクリートの締固め性の評価方法，大成建設技術センター報　第 44 号，pp.23－6, 2011 年
5) 三笠産業㈱：三笠総合カタログ 2011－2012
6) EXSEN ㈱：建設機械総合カタログ≪ 2018 年版≫

実践編

6 工事着工前の手続き作業

6.1 元請会社への提出書類

下請業者から元請会社へ提出する主要な書類には，施工体制台帳を作成するための書類（ホワイトファイル）と，労務安全関係書類（グリーンファイル）がある。

6.1.1 施工体制台帳

施工体制台帳とは，工事施工を請け負うすべての企業名，各企業の施工範囲，各企業の技術者氏名などを記載する台帳であり，建設業法第24条の7により作成が定められている（図6.1）。発注者から直接工事を請け負った元請会社（特定建設業者）が，下請業者からの再下請負通知書などにもとづいて施工体制台帳を作成することで，施工体制全般を把握し，建設工事を適正に行うことを目的としている。公共工事において，建設工事を請け負った元請会社がその工事を施工するために下請契約を締結した時点で作成する必要がある。民間工事においては，建設工事を請け負った元請会社が締結した下請契約の請負代金の総額が計4,000万円（建築一式工事は6,000万円）以上となる場合に，施工体制台帳を作成する必要がある。

施工体制台帳には，施工にあたる建設企業およびその請負契約・下請契約について，おもに次の項目を記載する必要がある。

①建設工事の名称および内容

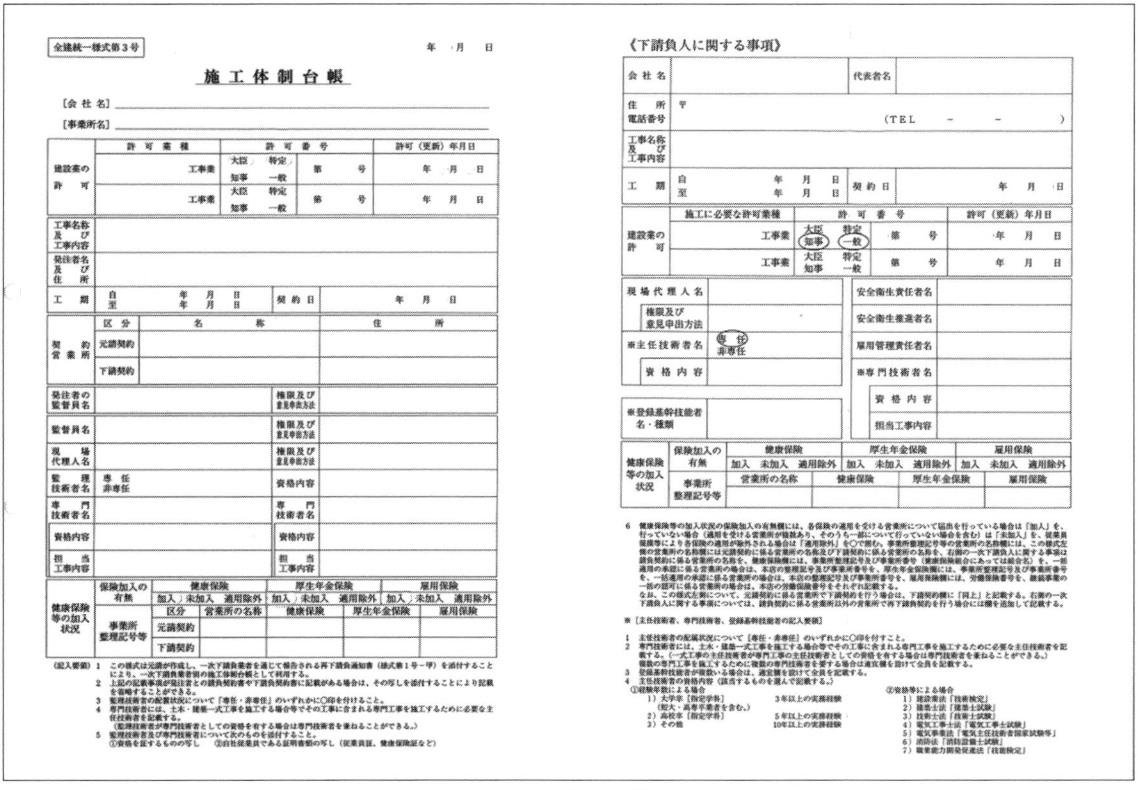

図6.1 施工体制台帳の例

②発注者名
③工期および請負契約を締結した年月日
④請負契約を締結した営業所名
⑤監督員，現場代理人，監理技術者の氏名
⑥主任技術者の氏名および有する資格の内容，専任か非専任かどうか
⑦登録基幹技能者を有する場合は，その職種と氏名
⑧社会保険等の加入状況

また，施工体制台帳には，主任技術者が直接的かつ恒常的な雇用関係にあることを証明するものの写し，すべての請負契約書の写しなどの書類を添付する必要がある。施工体制台帳を作成するための一般的な提出書類の内容を表 6.1 に示す。

(1) 施工体制台帳に記載する資格者等について

(a) 現場代理人

現場代理人とは，請負契約を的確に履行するため，工事の実施や契約関係の事務に関する一切の事項を処理する工事現場に置かれる請負人の代理人をいう。現場代理人を置く場合は，その氏名を施工体制台帳に記載する必要がある。

なお，公共工事では，現場代理人に常駐を求めているが，通信手段が発達したことから，現在では，一定の要件のもとに現場代理人の常駐義務が緩和されている。また，現場代理人は，施工を管理する主任技術者と職務が異なるものであり，兼務することが可能である。

(b) 主任技術者

建設業許可業者は，請負の次数，請負金額の大小に関係なく，建設現場における工事の技術上の管理を行う「主任技術者」を配置しなければならない。

主任技術者は，以下の①～②のいずれかの要件を満たす者を選任することができる。
①高校･高専または大学の指定学科卒業後，一定の実務経験を有する者（学歴・学科

表 6.1　一般的な施工体制台帳作成提出書類の内容

作成者	書　類　名
一次下請負業者	施工体制台帳（一次下請負業者に関する事項を記載）
	再下請負通知書（一次下請負業者に関する事項を記載）
	下請負業者（協力業者）編成表（一次下請負業者に関する事項を記載）
	[提出する添付書類] ①主任技術資格者の写し，または実務経験証明書 ②自社従業員である証明書の写し（健康保険書等） ③建設業許可通知の写し ④契約書（請書・注文書の両方）と契約条件の写し
二次下請負業者	再下請負通知書（二次下請負業者に関する事項を記載）
	下請負業者（協力業者）編成表（二次下請負業者に関する事項を記載）
	[提出する添付書類] ①主任技術資格者の写し，または実務経験証明書 ②自社従業員である証明書の写し（健康保険書等） ③建設業許可通知の写し ④契約書（請書・注文書の両方）と契約条件の写し

等により3～5年)

②その職種において，10年以上の実務経験を有する者

(c) 安全衛生責任者

元請会社が「統括安全衛生責任者」を置く建設現場（元請・下請合わせて常時50人以上の労働者が混在して働いている現場）においては，元請会社の統括安全衛生責任者から受けた事項の連絡・実施・管理および調整を行う「安全衛生責任者」を下請会社が選任する必要がある（労働安全衛生法第15条)。安全衛生責任者となるための法令上の資格要件はないが，「職長・安全衛生責任者教育」を修了した者などから選任することが望ましい。

なお，主任技術者と安全衛生責任者とは，兼務することが可能である。

(d) 安全衛生推進者

雇用する労働者が10名以上50名未満の建設業者においては，安全管理者に該当する業務と衛生管理者に該当する業務を行う「安全衛生推進者」を置くことが義務づけられている（労働安全衛生法第12条の2)。安全衛生推進者の選任が義務づけられている請負業者は，社内で選任している安全衛生推進者の氏名を施工体制台帳に記載する。

なお，安全衛生推進者は，以下の①～⑤の資格要件のいずれかを満たす必要がある。

①大学または高専卒業後，安全衛生に関する1年以上の実務経験を有する者

②高校または中学卒業後，安全衛生に関する1年以上の実務経験を有する者

③安全衛生に関する5年以上の実務経験を有する者

④厚生労働省労働基準局長の定める「安全衛生推進者養成講習」を修了した者

⑤労働安全コンサルタント，労働衛生コンサルタントなど

(e) 雇用管理責任者

建設業の事業主は，事業所ごとに，労働者の募集・雇入れ・配置や技能の向上，職業生活向上のための環境の整備，その他雇用管理を行う「雇用管理責任者」を選任することが義務づけられている（建設雇用改善法第5条)。

請負業者は，社内で選任している雇用管理責任者の氏名を施工体制台帳に記載する。通例では，社内で労務や賃金の管理を行う実務者や役員が選任されることが多い。

雇用管理責任者となるための資格要件はないものの，選任された雇用管理責任者は，雇用管理研修などを受講し，雇用管理に関する知識や能力の向上に努めなければならない。

(2) 再下請負通知書

施工体制台帳が作成される工事を請け負った下請業者が，さらにその工事を孫請業者に再下請した場合は，元請会社に対して「再下請負通知書」を提出しなければならない（図6.2)。

再下請負通知書には，報告する下請業者の必要事項と，報告する下請業者が再下請契約を締結した下請業者に関する必要事項を記載する。

6.1.2 労務安全関係書類

労務安全関係書類は，建設業法関係法令，労働安全衛生法関係法令，建設業雇用改善

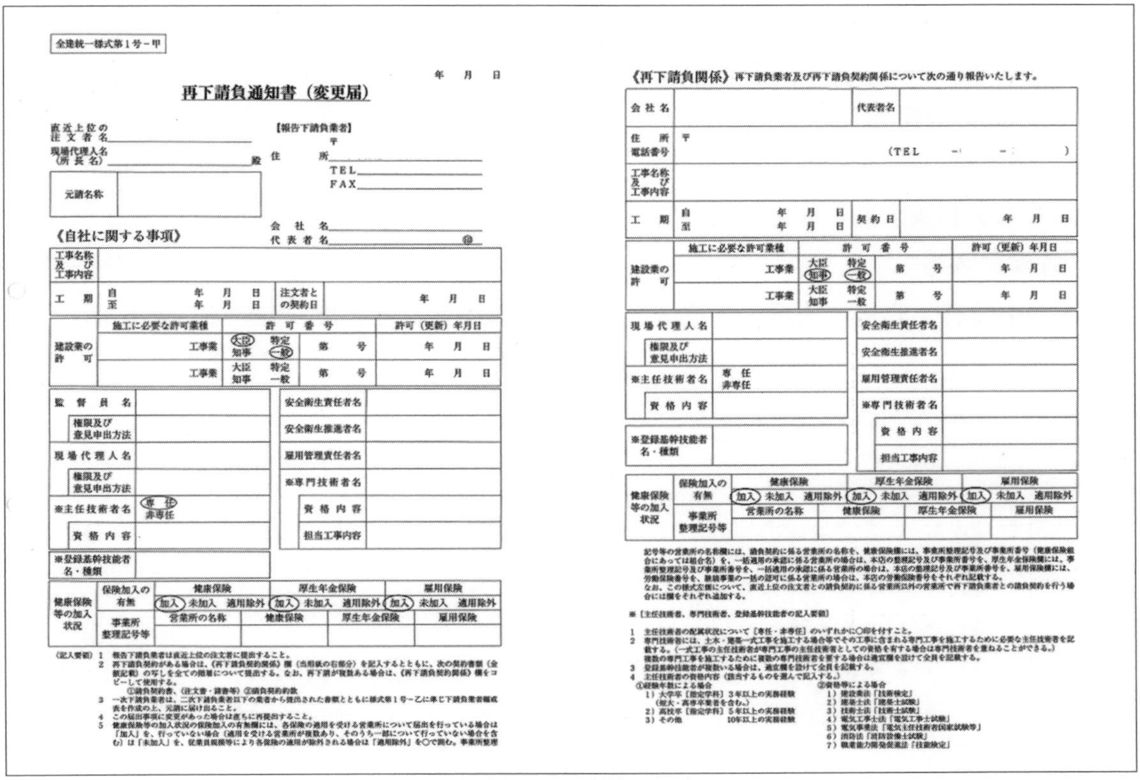

全建統一様式第1号－甲

再下請負通知書（変更届）

《自社に関する事項》

《再下請負関係》再下請負業者及び再下請負契約関係について次の通り報告いたします。

図 6.2　再下請負通知書の例

表 6.2　一般的な労務安全関係提出書類の内容

書　類　名	備　　考
安全衛生管理に関する誓約書	
建設業法，労働安全衛生法，雇用改善法等にもとづく資格者等の届出	
作業員名簿	
最近の健康診断日の確認	1 年ごとの定期健康診断，6 か月ごとの特殊健康診断
社会保険加入状況調査票	
持込機械等（移動式クレーン・車両系建設機械）使用届	持込み時の点検記録を記載し，法定点検表・任意保険証の写しを添付，持込機械届済証（受理証）を受け取る
持込機械等（電動工具，電気溶接機）使用届	持込み時の点検記録を記載し，持込機械届済証（受理証）を受け取る
工事車両届（通勤用車両届）	使用する車両ごとに作成し，車両保険証の写しを添付
運行経路図	使用する車両ごとに作成
危険物・有害物持込使用届	
火気使用願	
工事安全衛生計画書・年度安全衛生計画書	
新規入場時教育実施報告書・新規入場者アンケート	新規入場実施ごとに作成
リスク KY（危険予知活動）シート 安全衛生作業指示書･KY ミーティング日報･作業証明書（安全ミーティング・KY 実施後，毎日提出）	
年少者就労届	18 歳未満の年少者はすべて届出，年少者の年齢証明・親権者の写しを添付し，適正配置されているか確認
高齢者・高血圧者就労届	高齢者・高血圧者はすべて届出，適正配置されているか確認

法において，下請業者から元請会社へ提出することが定められている書類である。一般的な労務安全関係提出書類の内容を表6.2に示す。

(1) おもな労務安全関係提出書類について

(a) 作業員名簿

作業員名簿は，現場に入場する技能者の情報を記載し，施工体制台帳および再下請負通知書と併せて元請会社に提出する必要がある。この作業員名簿には，作業主任者，主任技術者，職長，安全衛生責任者などの有無のほか，直近の健康診断の受診年月日，社会保険などの加入状況，保有資格などを記載することになっている（図6.3）。

全建統一様式第5号

作　業　員　名　簿

事業所の名称＿＿＿＿　（平成　年　月　日 作成）

所長名＿＿＿＿殿

元請確認欄

提出年月日　平成　年　月　日

1次会社名＿＿＿＿印

（　）次会社名＿＿＿＿印

番号	フリガナ 氏名	職種	※	雇入年月日 経験年数	生年月日 年齢	現住所 (TEL) 家族連絡先 (TEL)		最近の健康診断日 血圧	血液型	特殊健康診断日 種類	健康保険 年金保険 雇用保険	教育・資格・免許 雇入・職長 特別教育	技能講習	免許	入場年月日 受入教育実施年月日
1			主 職 技	年 月 日	年 月 日			年 月 日		年 月 日	―				年 月 日
				年	歳			～							年 月 日
2			主 技 安	年 月 日	年 月 日			年 月 日		年 月 日	―				年 月 日
				年	歳			～							年 月 日
3			技	年 月 日	年 月 日			年 月 日		年 月 日	―				年 月 日
				年	歳			～							年 月 日
4				年 月 日	年 月 日			年 月 日		年 月 日	―				年 月 日
				年	歳			～							年 月 日
5				年 月 日	年 月 日			年 月 日		年 月 日	―				年 月 日
				年	歳			～							年 月 日

図 6.3　一般的な労務安全関係提出書類の内容

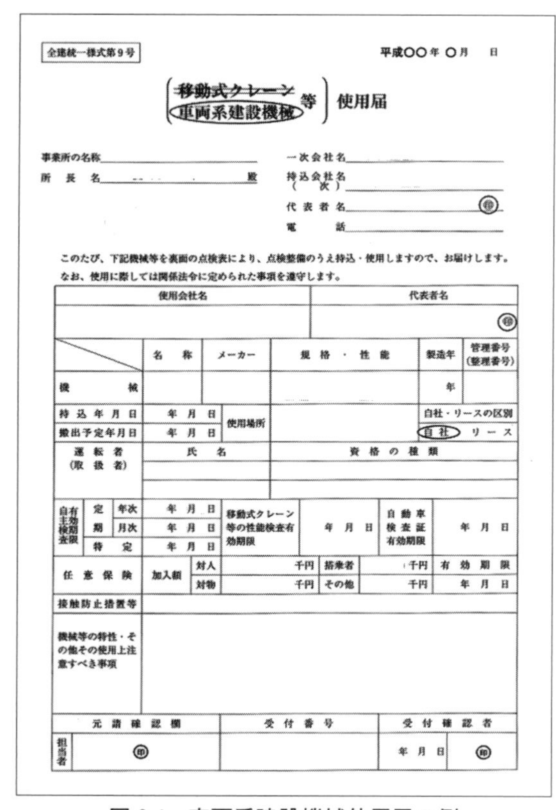

全建統一様式第9号　　平成○○年 ○月　日

（移動式クレーン／車両系建設機械）等 使用届

事業所の名称＿＿＿＿　一次会社名＿＿＿＿

所長名＿＿＿＿殿　持込会社名（　次）＿＿＿＿

代表者名＿＿＿＿印

電話＿＿＿＿

このたび、下記機械等を裏面の点検表により、点検整備のうえ持込・使用しますので、お届けします。
なお、使用に際しては関係法令に定められた事項を遵守します。

使用会社名				代表者名	
				印	
	名称	メーカー	規格・性能	製造年	管理番号（整理番号）
機械				年	
持込年月日	年 月 日	使用場所		自社・リースの区別	
搬出予定年月日	年 月 日			自社　リース	
運転者（取扱者）	氏名		資格の種類		
自主検査有効期限 定期 年次	年 月 日	移動式クレーン等の性能検査有効期限	年 月 日	自動車検査証有効期限	年 月 日
自主検査有効期限 定期 月次	年 月 日				
自主検査有効期限 特定	年 月 日				
任意保険 加入額 対人	千円	搭乗者	千円	有効期限	
任意保険 加入額 対物	千円	その他	千円	年 月 日	
接触防止措置等					
機械等の特性・その他その使用上注意すべき事項					
元請確認欄		受付番号		受付確認者	
担当者	印			年 月 日	印

図 6.4　車両系建設機械使用届の例

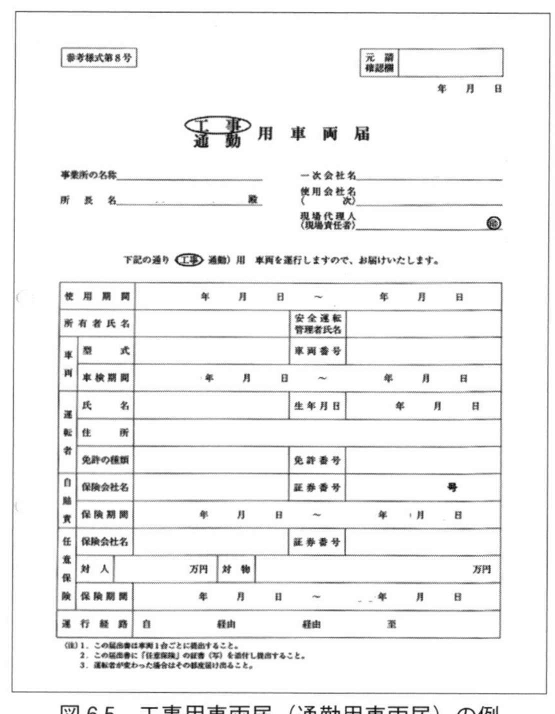

参考様式第8号　　元請確認欄

年　月　日

（工事／通勤）用車両届

事業所の名称＿＿＿＿　一次会社名＿＿＿＿

所長名＿＿＿＿殿　使用会社名（　次）＿＿＿＿

現場代理人（現場責任者）＿＿＿＿印

下記の通り（工事 通勤）用 車両を運行しますので、お届けいたします。

使用期間	年 月 日 ～ 年 月 日		
所有者氏名		安全運転管理者氏名	
車両 型式		車両番号	
車両 車検期間	年 月 日 ～ 年 月 日		
運転者 氏名		生年月日	年 月 日
運転者 住所			
運転者 免許の種類		免許番号	
自賠責 保険会社名		証券番号	号
自賠責 保険期間	年 月 日 ～ 年 月 日		
任意保険 保険会社名		証券番号	
任意保険 対人	万円	対物	万円
任意保険 保険期間	年 月 日 ～ 年 月 日		
運行経路	自　経由　経由　至		

（注）1．この届出書は車両1台ごとに提出すること。
2．この届出書に「任意保険」の証書（写）を添付し提出すること。
3．運転者が変わった場合はその都度届け出ること。

図 6.5　工事用車両届（通勤用車両届）の例

(b) 持込機械等（移動式クレーン・車両系建設機械）使用届

「持込機械等（移動式クレーン・車両系建設機械）使用届」は，車両系建設機械などを建設現場に持ち込む事業者に対して，現場における労働災害を防止するために適正に整備され工事に適した機械であることを元請会社に提示し，確認を受けるために義務づけられた書類である（労働安全衛生法第20条）（図6.4）。

(c) 工事用車両届（通勤用車両届）

「工事用車両届（通勤用車両届）」は，現場内に入場する工事用の車両を元請会社が把握し管理するために必要となる書類である。現場に機材運搬用の車両を入場させるときは，この「工事用車両届」を作成し，元請会社に提出する（図6.5）。

「工事用車両届」は，万一，現場で災害事故が発生した場合，運転者の氏名・免許・保険などを確認するための資料となる。なお，現場に通勤するために車両を使用する際は，同じ書式である「通勤用車両届」を元請会社に提出する。

6.2 災害防止協議会

災害防止協議会とは，労働安全衛生法第30条第1項第1号および労働安全衛生規

表6.3 災害防止協議会の構成・協議内容および運営方法など

項目	内容
1. 会議の開催頻度	元方事業者は，協議組織の会議を毎月1回以上開催すること
2. 協議組織の構成	元方事業者は，協議組織の構成員に，統括安全衛生責任者，元方安全衛生管理者又はこれらに準ずる者，元方事業者の現場職員，元方事業者の店社（共同企業体にあっては，これを構成するすべての事業者の店社）の店社安全衛生管理者又は工事施工・安全管理の責任者，安全衛生責任者又はこれに準ずる者，関係請負人の店社の工事施工・安全管理の責任者，経営幹部，安全衛生推進者等を入れること。 なお，元方事業者は，構成員のうちの店社の職員については，混在作業に伴う労働災害の防止上重要な工程に着手する時期，その他労働災害を防止する上で必要な時期に開催される協議組織の会議に参加させること。
3. 協議事項	協議組織の会議において取り上げる議題については，次のようなものがあること。 1 建設現場の安全衛生管理の基本方針，目標，その他基本的な労働災害防止対策を定めた計画 2 月間又は週間の工程計画 3 機械設備等の配置計画 4 車両系建設機械を用いて作業を行う場合の作業方法 5 移動式クレーンを用いて作業を行う場合の作業方法 6 労働者の危険及び健康障害を防止するための基本対策 7 安全衛生に関する規程 8 安全衛生教育の実施計画 9 クレーン等の運転についての合図の統一等 10 事故現場等の標識の統一等 11 有機溶剤等の容器の集積箇所の統一等 12 警報の統一等 13 避難等の訓練の実施方法等の統一等 14 労働災害の原因及び再発防止対策 15 労働基準監督官等からの指導に基づく労働者の危険の防止又は健康障害の防止に関する事項 16 元方事業者の巡視結果に基づく労働者の危険の防止又は健康障害の防止に関する事項 17 その他労働者の危険又は健康障害の防止に関する事項
4. 協議組織の規約	元方事業者は，協議組織の構成員，協議事項，協議組織の会議の開催頻度等を定めた協議組織の規約を作成すること。
5. 協議組織の会議の議事の記録	元方事業者は，協議組織の会議の議事で重要なものに係る記録を作成するとともに，これを関係請負人に配布すること。
6. 協議結果の周知	元方事業者は，協議組織の会議の結果で重要なものについては，朝礼等を通じてすべての現場労働者に周知すること。

則第635条第1項に定められており，元請会社が自社の労働者と関係請負人の労働者の作業が同一の場所において行われることによって生じる労働災害を防止するための協議組織である。元請会社は，この災害防止協議会を定期的に開催すること，また，関係請負人は，元請会社が開催する災害防止協議会に参加しなければならないことが義務付けられている。

労働基準局による通達「元方事業者による建設現場安全管理指針について（1995年4月21日付け基発第267号の2)」に定める災害防止協議会の構成・協議内容および運営方法などについて，表6.3に示す。

別記様式第六

道路使用許可申請書

年　月　日

警察署長　殿

申請者　住所
氏名　㊞

道路使用の目的		
場所又は区間		
期間	年　月　日　時から　年　月　日　時まで	
方法又は形態		
添付書類		
現場責任者 住所		
現場責任者 氏名		電話

図6.6　道路使用許可申請書の例

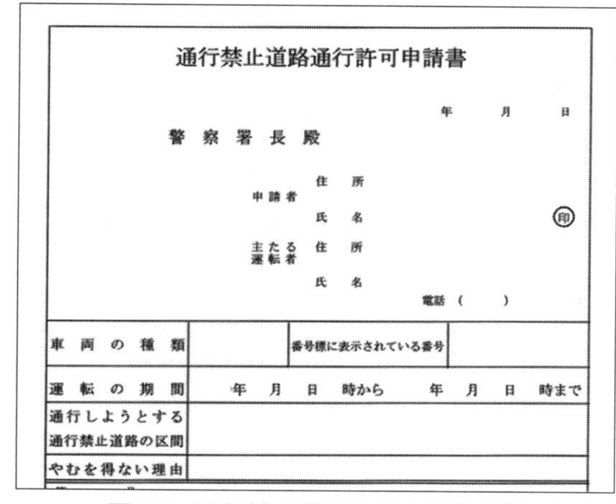
通行禁止道路通行許可申請書

年　月　日

警察署長殿

申請者　住所
氏名　印

主たる運転者　住所
氏名

電話（　　）

車両の種類		番号標に表示されている番号	
運転の期間	年　月　日　時から　年　月　日　時まで		
通行しようとする通行禁止道路の区間			
やむを得ない理由			

図6.7　通行禁止道路許可申請書の例

6.3　道路使用および通行に関する書類

6.3.1　道路使用許可申請書

「道路使用許可申請書」は，道路上にコンクリートポンプ車を設置して圧送作業を行う場合など，通行目的以外で道路を使用する場合に，所轄の警察署長の道路使用許可を受けるために必要となる書類である（図6.6)。

使用する道路を管轄する警察署の交通課道路相談窓口およびホームページで，この「道路使用許可申請書」を入手し，必要事を記載のうえ，その他必要となる添付書類（ポンプ車を設置する位置図，作業の工程表など）と道路使用手続関係手数料とともに，管轄する警察署に申請する。

6.3.2　通行禁止道路通行許可申請書

「通行禁止道路通行許可申請書」は，道路標識などにより通行を禁止されている道路を，やむを得ない理由で通行しなければならない場合に，所轄の警察署長に申請する書類である（図6.7)。

通行禁止場所を管轄する警察署の交通課・道路相談窓口およびホームページで，この「通行禁止道路通行許可申請書」を入手し，必要事項を記載のうえ，その他必要となる添付書類（運転手の自動車免許証の写し，車検証の写しなど）とともに，管轄する警察署に申請する。

7　打込み・締固めの計画

7.1　コンクリート工事の施工計画

コンクリート工事を計画するにあたって行う作業は，設計図書の記述内容をもとに，施工計画を立案し，必要な項目を施工計画書に落とし込み，そして施工計画書を作成することである。施工計画書の作成作業は工事管理者の現場係員が行うのが一般的であり，建築工事および土木工事にかかわらず共通の作業である。

建築工事における鉄筋コンクリート工事においては，日本建築学会『建築工事標準仕様書・同解説JASS 5　鉄筋コンクリート工事』の「1.5　施工計画，品質管理計画および工事報告」に，次のように規定されている。

a．施工者は，鉄筋コンクリート工事に先立ち，施工計画書を作成し，工事監理者の承認を受ける。

b．施工者は，本仕様書に基づく施工の目標を達成するために，鉄筋コンクリート工事全般にわたる品質管理計画を作成し，工事監理者の承認を受ける。

さらに，上記の施工計画書の詳細については，『建築工事標準仕様書・同解説JASS 1　一般共通事項』に記述されており，それによると，施工計画書は一般的には次の3項目から構成される。①基本工程表，②総合仮設計画図，および③工事種別施工計画書（土工事，鉄筋コンクリート工事，鉄骨工事，左官工事など）である。③の工事種別施工計画書には，①工程表，②品質管理計画書，③施工要領書，④その他の必要事項を含むものとしている。また，要求性能を確保するための品質管理の実施には，施工における目標品質の設定，目標品質を実現するために品質管理計画の作成・実施および施工品質の確認・評価を実行できる組織が必要であることを規定している。

また，品質管理計画は，次の項目から構成されており，①品質管理組織，②管理項目および管理値，③品質管理実施方法，④品質評価方法，⑤管理値を外れた場合の措置を含むと示されている。さらに，安全管理，作業環境，周辺環境の保全もまた重要な課題であり，施工時には，施工計画にのっとり，責任者を明確にし，明示した条件の下に工事の指導に当たることが求められている。

一方，土木工事におけるコンクリート工事を対象として，その施工計画の概要を土木学会『コンクリート標準示方書』に準じて紹介する。

施工計画の作成作業の手順は，設計図書の照査を行い，現場の施工条件を明らかにするとともに，ひび割れに対する検討を行うことになる。土木構造物は一般にマスコンクリート構造物になることが多いため，ひび割れの検討は避けて通れない重要な事前の作業となる。

ひび割れの検討では，コンクリート構造物に要求される性能に対し，適切なFEM解析などを実施することにより，適切なひび割れ指数やひび割れ幅を満足する具体的な方法を検討する。その後に，費用対効果を考慮することにより最適なひび割れ対策を選択し，これを設計や施工に反映させることになる。

コンクリート工事の施工計画を立案し，作成する作業は，実際の施工における状況を想定したものであり，施工にかかわる各種制約条件を考慮して経済的に構造物を構築するために大切な作業である。

施工計画を構成する要素の一つにコンクリートの打込み・締固めの計画がある。打込み・締固め計画は，対象とするコンクリート構造物ごとに作成することが不可欠である。それは，まったく同じ施工条件の構造物が存在しないのが実際だからである。

本節では，コンクリート工事の施工計画を作成するうえで基本的な事項について記述する。一般的な土木工事の標準的な施工方法を対象としており，標準的な施工方法の例は，表 7.1 に示すとおりである。表 7.1 は，土木学会『コンクリート標準示方書』[施工編] に示されており，参考となる。表 7.1 によると，コンクリートの設計基準強度が 50N/mm^2 未満，打込みの最小スランプが 16cm 以下，場外運搬はトラックアジテータを用い，場内運搬は水平換算距離が 300m 以下とし，コンクリートポンプによる圧送，棒状バイブレータによる締固めなどを想定している。

施工計画は設計図書に示されたコンクリート構造物を構築するために立案するものであり，構造物の構造条件，現場の環境条件および施工条件を勘案し，作業の安全性および環境負荷に対する配慮を含め，全体工程，施工方法，使用材料，コンクリートの配合，コンクリートの製造方法および品質管理計画について検討することになる。

一般的なコンクリート工事の施工計画を作成するにあたっては，表 7.2 に示す項目が参考となる。なお，表 7.2 の項目は，土木学会『コンクリート標準示方書』[施工編] の表を参考にして，それに追記したものである。

コンクリート工事の施工計画書は打設計画書ともよばれており，コンクリート工事

表 7.1 『コンクリート標準示方書』[施工編：施工標準] で対象とする標準的な施工方法 [1)]

作業区分	項目		標準
運搬	現場までの運搬方法		トラックアジテータ
	現場内での運搬方法		コンクリートポンプ
打込み	自由落下高さ（吐出口から打込み面までの高さ）		1.5m 以内
	1 層当たりの打込み高さ		40 ～ 50cm
	練混ぜから打終わりまでの時間	外気温 25℃以下の場合	2 時間以内
		外気温 25℃を超える場合	1.5 時間以内
	許容打重ね時間間隔	外気温 25℃以下の場合	2.5 時間以内
		外気温 25℃を超える場合	2.0 時間以内
締固め	締固め方法		棒状バイブレータ
	挿入間隔		50cm 程度
	挿入深さ		下層のコンクリートに 10cm 程度
	1 か所当たりの振動時間		5 ～ 15 秒

にかかわる工事管理者の職員や協力会社の作業員にとっては打設計画書の名称のほうがなじみがあると思われる。

7.2 打設計画書および作業手順書

7.2.1 打設計画書

コンクリート工事の打設計画書は工事管理者である建設会社の係員が作成し，その打設計画書を発注者に提出して，その内容について承諾を得ることが一般的な手順である。

承諾を受けた打設計画書に基づいて工事を進めることになり，発注者および工事管理者の両者にとっては，この打設計画書に記述された内容が共通の「ものさし」となる。

コンクリート工事の打設計画書は表7.2に示す例のような以下の項目から構成される。

- ・コンクリートの配合（調合）計画
- ・コンクリートの製造計画
- ・コンクリート工の計画
- ・鉄筋工の計画
- ・型枠・支保工の計画
- ・品質管理計画
- ・環境保全計画
- ・安全衛生計画
- ・検査計画

表7.2 一般的なコンクリート工事の施工計画の検討項目とその内容の例[1)]

項　目		内　容
1. コンクリートの配合計画		コンクリートの特性値の目標値の設定，ワーカビリティーの設定，強度発現性の設定，使用材料の設定，配合設計，試し練りによる性能確認
2. コンクリートの製造計画		製造設備の選定・場所，コンクリート材料の調達・貯蔵，計量，練混ぜ，人員等
3. コンクリート工の計画	場外運搬計画	場外運搬の手段，積載容量，台数，配車・運行，進行路，交通事情，人員等
	場内運搬計画	場内運搬の手段，機種，時間当たりの搬送能力，台数，配車，人員等
	打込み計画	打込み日・時間帯，天候，時間当たりの打込み量，打込み箇所・間隔，打重ね時間間隔，人員等
	締固め計画	締固め間隔・時間，締固め作業がしにくい箇所，振動機の種類・台数，人員等
	仕上げ計画	締固め後の均しから仕上げまでの作業・時期，仕上げ精度，器具・機械，人員等
	養生計画	湿潤養生，温度制御養生および有害な作用に対する保護のそれぞれに対する手段，開始時期・期間，機械設備，人員等
	継目計画	設計図書に基づく目地の位置および方法の確認，打込み計画に基づく打継目の位置の処理方法，機械，時期，人員等
4. 鉄筋工（鉄筋以外の補強材料を含む）の計画		設計図書に基づく補強材料の種類，径，配置等の確認，現場に納入された補強材料の確認，保管・加工・組立の方法，人員等
5. 型枠および支保工の計画		労働安全衛生規則の確認，型枠および支保工の設計，材料選定，組立方法，支保工の取外し時期と順序，打込みおよび締固め時の変形管理，人員等
6. 品質管理計画		コンクリート材料，鉄筋等の補強材，機械設備，施工方法等の適切な項目に対する品質管理，施工の各段階で所定の品質を確保するための品質管理
7. 環境保全計画		環境関連法令や基準の確認，洗浄水・養生水等の排水処理，現場周辺への騒音・振動・粉塵等の対策，排ガス・電気量抑制による CO_2 排出量削減，自然環境保全対策の確認
8. 安全衛生計画		工事にかかわる者の安全，衛生面の確認等
9. 検査計画		発注者から受け取った検査計画を確認
10. トラブル対応計画		トラブル時の対応方法の確認等
11. 打設組織図		打込み作業における役割分担および連絡網の確認

・トラブル対応計画

・打設組織図

本章の打込み・締固めの計画は上記の項目のうち，特に，コンクリート工の計画に相当する。コンクリート工の計画の構成は，場外運搬計画，場内運搬計画，打込み計画，締固め計画，仕上げ計画，養生計画，継目計画から構成される。

打設計画書を受けて，さらに具体的な作業内容や作業手順を記述した作業手順書（作業要領書）を作成することになる。

打設計画書は一般的には工事管理者が作成し，作業手順書（作業要領書）は協力業者が作成するのが一般的である。

打設計画書の一例を次に示す。

［工事概要］

工 事 名：○○地区函渠その3工事

発 注 者：△△△△

工　　期：令和○年○月○日から令和○年○月○日

施工内容：ボックスカルバート（内空幅11,500mm×内空高7,850mm×ブロック長5,000mm）（図7.1参照）

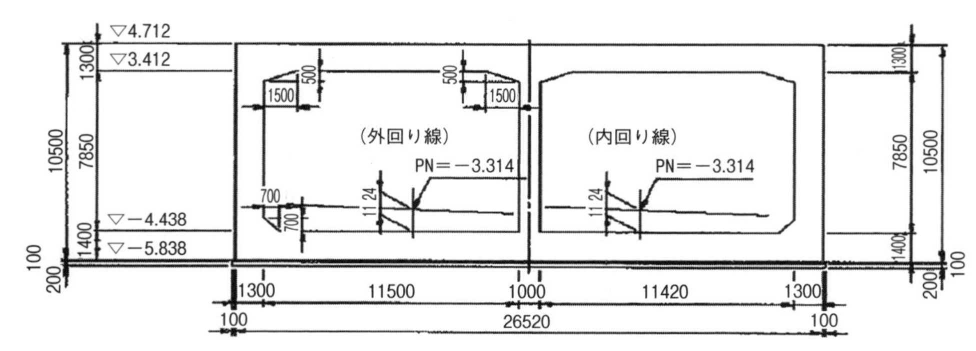

図 7.1　ボックスカルバート断面図

工事名	○○○○工事				請負会社		○○○○株式会社		
打設日	平成○年1月○日				天気予報	晴	最低気温	1 ℃	
打設箇所	下床板						最高気温	10 ℃	
予定打設量	197.2 m^3			仕上面積(下床版)	159.5 m^2				
コンクリート種別	種別	セメント種類	設計強度 (N/mm^2)	配合強度 (N/mm^2)	最大骨材寸法	筒先(打込み時) スランプ(cm)	筒先(打込み時) 空気量(%)	現着(荷卸し時) スランプ(cm)	現着(荷卸し時) 空気量(%)
	普通	BB	30	34.8	20	12±2.5	4.5±1.5	13±2.5	4.5±1.5
作業時間	打設開始	9:00	延 6.0 時間	運搬距離	5 km	運搬時間		25 分	
	打設終了	15:00		荷卸し時間(待機含む)	30 分	打込み終了までの時間		55 分	
生コン製造会社	○○コンクリート(株)			打設速度	20.0 m^3/h ～ 25.5 m^3/h				
				層厚	0.5 m前後	最大打重ね時間		65 分	
生コン車	延台数	4.20 m^3 × 46 台 ＋ 4.00 m^3 × 1 台		締固め機械	筒先	高周波φ50	4 台	(予備 1 台)	
	サイクルタイム	運搬(行き帰り)+荷卸し(待機含む)＋洗車 ＝ 1.42 (h)			後追い	高周波φ40	1 台	(予備 1 台)	
	準備台数	25.5 (m^3/h)÷ 4.2 (m^3/台)× 1.42 (h)＝ 9 台			細径	マルチφ40	1 台	(予備 1 台)	
	予備台数	2 台			壁	コテ型	2 台	(予備 1 台)	
コンクリートポンプ車	機種	ピストン式 極東開発工業		台数	1 台				
	能力	131 m^3/h		配管口径・長さ	5 B フレキシブルホース 8 m				

図 7.2　コンクリート打設計画書の例

コンクリート打設計画書の例を図7.2～7.6に示す。打設計画書には，一般的に次の情報が記述される。

・工事名，打設日，打設箇所，打設数量，コンクリート種別，作業時間，生コン製造会社，コンクリート打設組織図，品質管理項目，打設数量時間計画表などがある。

さらに，必要な情報として，次のような項目が追加される。

・打設時期（暑中，寒中，標準）の明記
・打設速度，打重ね時間間隔の指示
・サイクルタイムを計算し，生コン工場にトラックアジテータの必要台数を指示
・締固め機器の準備台数を指示
・コンクリートポンプ車の仕様，輸送管の数量を指示
・仕上げ作業に必要な材料，器具の種類・数量の準備
・打設後の養生方法の指示
・品質管理項目の明示

なお，現在は，公共工事あるいはそれに準じる工事のほとんどの場合，総合評価方式の入札となるため，技術提案項目が含まれることが不可欠である。したがって，対象工事を受注した場合は，提案技術の履行義務が生じる。そのため，コンクリート打

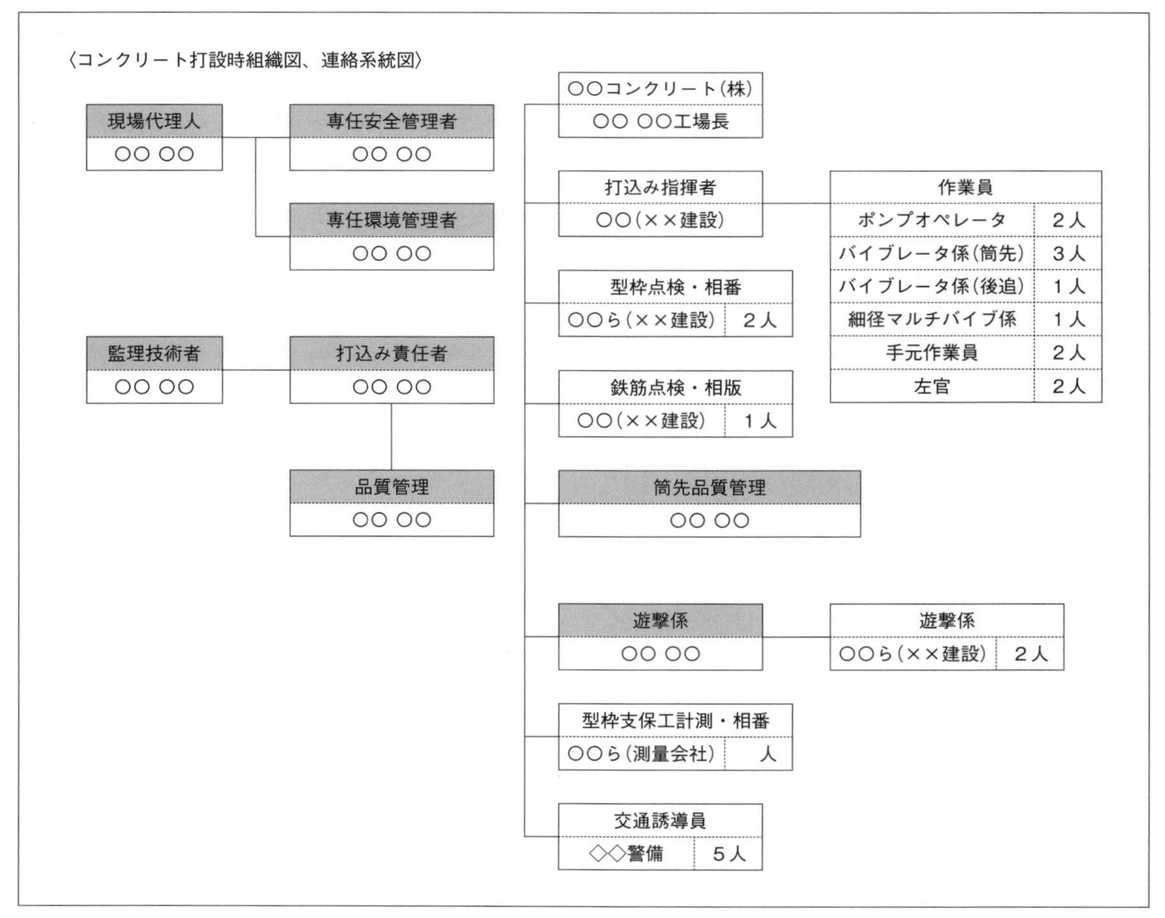

図7.3 コンクリート打設時組織表の例

〈品質管理〉

項　目	基　準	頻　度	備　考
運搬、打込み時間	外気温≦25℃，2.0h 以内 外気温＞25℃，1.5h 以内	全車	
スランプ(荷卸し)	13.0 ± 2.5cm	最初の連続 5 台, 以後 50㎥ ごと	
スランプ(筒先)	12.0 ± 2.5cm	1 台目	筒先から排出した 1 台目のコンクリート
空気量	4.5 ± 1.5%	50㎥ ごと	
コンクリート温度	10 ～ 35℃	50㎥ ごと	
外気温	―	50㎥ ごと	
単位水量試験	-15 ～ +10kg/㎥	150㎥ ごと	エアメータ法
塩化物含有量	0.3kg/㎥ 以下	1 回 / 週	
圧縮強度供試体	σ7，σ28採取	150㎥ ごと	

図 7.4　品質管理項目の例

提案番号	項　目	確認場所	確認方法
①	騒音・振動・濁水対策	現場	使用状況の確認
②	特殊バイブレータの使用	現場	使用状況確認
③	セメント洗浄専用ヤード	現場	使用状況の確認
	○○○○○	△△	◇◇◇◇
	○○○○○	△△	◇◇◇◇
	○○○○○	△△	◇◇◇◇

図 7.5　技術提案項目の例

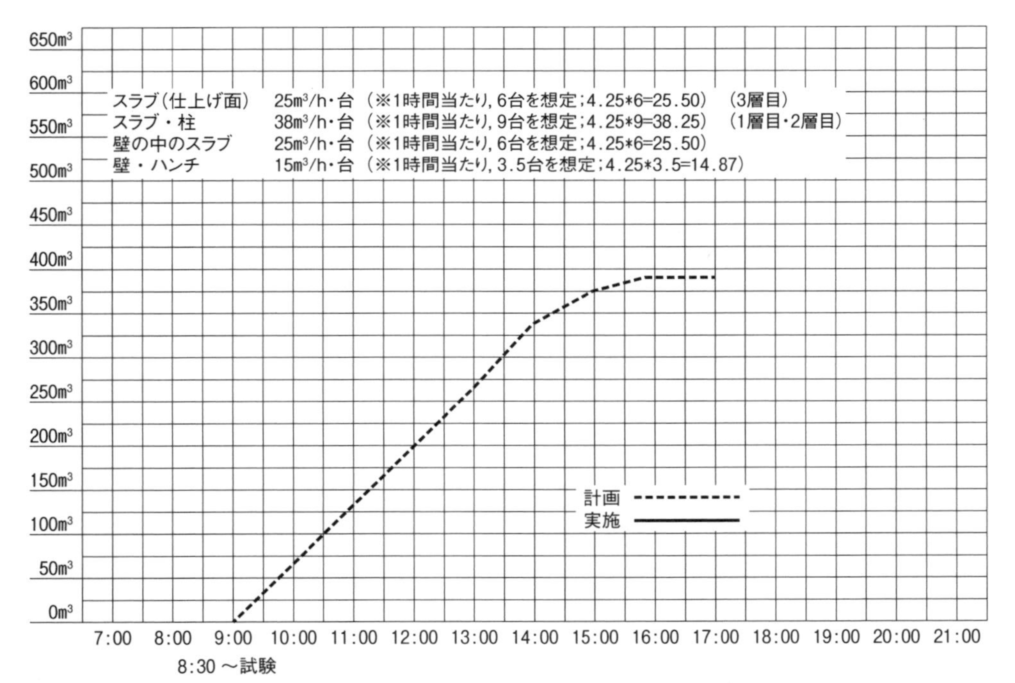

図 7.6　打設数量時間計画表の例

設計画書には，技術提案確認事項の欄を設けて，工事管理者，作業員等へ周知させる場合がある。

次に，打設計画図の例を図 7.7 に示す

打設計画図には次のような情報が記述される。

・打設場所の平面図
・ポンプ車の設置位置，トラックアジテータの供給位置，待機場所，洗い場所

7.2.2 作業手順書

作業手順書は，当日の打込み・締固め作業を具体的に記述したものである。

作成した作業手順書は，打設前日に行う打設周知会で確認するとともに，作業に伴う危険要因の洗い出し，品質および環境に関する指摘事項の確認などを行い，翌日の打込み・締固め作業に備える。作業手順書の記述項目の例としては，作業前の準備，本作業そして片づけに分類される。その記述例を表 7.3 に示す。

7.3 計画の周知

コンクリート工事の実施に際して，工事関係者全員が事前に施工計画，打設計画，作業手順などを把握していることが工事を計画どおりに進めるうえで必要最低限の条件である。そのために実施すべき方法について記述する。

7.3.1 施工計画段階における周知

工事管理者あるいは工事管理者を含めた企業体が主体となり，受注した工事に関してQ（品質），C（コスト），D（工期），S（安全），そしてE（環境）の観点から検討を行い，工事が計画どおり開始され，順調

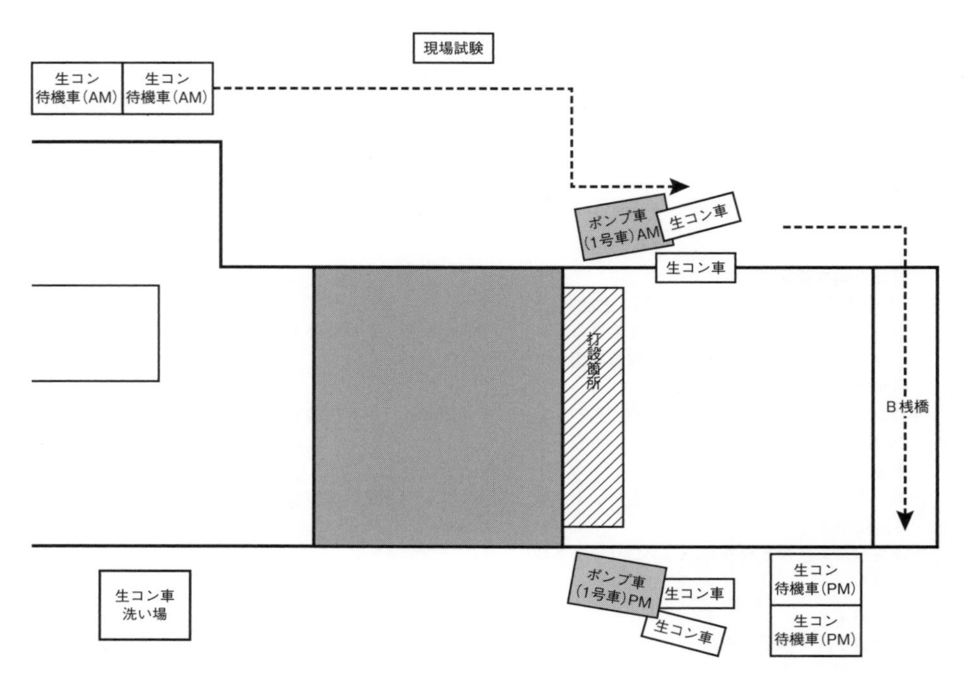

図 7.7 打設配置図（平面図）の例

表 7.3　作業手順書の例

作業内容	作業手順	危険要因 （人，品質，環境，その他）	危険要因の除去・低減方法
○準備作業	1. 作業前ミーティングの実施 ①ラジオ体操 ②現場危険予知活動 ・健康状態のチェック ・服装・保護具着用の点検 ・作業分担の確認，施工方法・手順・作業量の確認 ・資格の確認（クレーン，玉掛など） ・安全確認および危険作業・箇所を予知し対策の検討 ・関連工事の作業内容を把握する ・ 2. 作業場所の確認 ・周囲の障害物，運行ルートの確認 ・ポンプ車設置場所および周辺地盤の確認 ・配管，荷受場所，取込み方法の確認 3. 使用機材の点検，確認 ・バイブレータ等使用機材の点検，チェック（数量，予備） ・電源の確認 4. 仮設施設の点検 ・作業通路，安全設備の点検を行う	・ホッパ下にブルーシートを敷き忘れる	
○本作業	1. コンクリートポンプ車配置		
	①ポンプ車を打設計画書に基づき配置する	・ポンプ車のアウトリガーの張り出しが不十分	・完全な張り出しを確認する
	②ポンプ車に先送りモルタルを流し込み，生コン車に戻す		
	③計画通りにコンクリートポンプ車のブームを打込み箇所に配置する	・ポンプの筒先に人がいる	・筒先には絶対に立たない
	④打込み箇所にコンクリートの打込みを開始する	・コンクリートが目に入る	・保護メガネの着用
	⑤コンクリートをバイブレータで締め固める作業を行う ・打込みは外回り側から開始し，端部止枠の位置で終了する。 ・打設高さは全体で 1500mm なので，各層 500mm で打ち込む。	・鉄筋につまずき転倒する ・配筋上で足を踏み外し転倒する ・ノロ漏れがないか随時確認を行う ・バイブレータ使用時に振動障害 ・ブリーディング水の確認	・天端配筋に養生する ・各自ノロ漏れ対策用ウエスを所持する ・バイブレータ使用時は防振手袋の使用 ・ブリーディング水は，スポンジ・柄杓で回収し，適切に処理する
	⑥打込み高さ管理：天端筋で行う （底板筋の段取筋に天端筋を溶接し，固定する）		
	⑦コンクリートの打継部に遅延剤を散布し，レイタンス処理を容易にする。噴霧器を用いて散布する。	・散布剤が目に入り負傷する	・保護メガネの着用
	⑧コンクリート打継部のレイタンス処理を行う。ハイウォッシャーを用いてグリーンカットを行う。	・水が跳ね返り目を損傷する	・保護メガネの着用
	⑨コンクリートの仕上げ面には養生マットを敷き，散水する。	・養生マットが風にあおられ，はがれる	
	⑩使用した工具類を洗浄し，コンクリートを取り除く。		
○片づけ	1. 作業終了 ・残材等が施工場所に残っていないか確認する ・安全設備等に不具合がない確認する		・作業終了後の点検，確認作業を確実に行い，作業を終了する

に進捗することを目的に実施する会議が開催される。このような会議体は着前検討会などとよばれている。この会議体では，現場，企業体の営業，技術，安全，環境，工務などの各関係者が一堂に会してそれぞれの立場から意見を述べ，指摘された課題に対して討議を行う。この場において指摘された事項・対策を施工計画に反映させることになる。その後，対象工事の工種別に個別検討会とよばれる会議が必要に応じて複数回開催される。たとえば，コンクリート工事が含まれる工事の場合は，コンクリート工事を対象とした個別検討会がほとんどすべての現場で開催されるのが一般的である。個別検討会では施工計画書の中の打設計画書をもとにしてコンクリート工事に焦点を当てた技術的な検討が行われる。コンクリート工事における製造，運搬，打込み，締固め，仕上げ，養生作業および品質確保に関する課題を洗い出し，その解決方法の検討，不具合の発生の防止・対策，品質確保のための対策などが詳細にそして具体的に検討される。

7.3.2 コンクリート工事に注力した周知

個別検討会を経て，具体的なコンクリート工事に向けて打設計画書および作業手順書が作成される。この打設計画書および作業手順書をもとに，コンクリートの打込み作業の前々日および前日に，事前検討会が開催されるのが一般的である。事前検討会は，打込み予定場所で行われるのが基本である。

その際には，配筋作業，型枠作業，打設前清掃などのすべての作業が終了しているのが原則であり，コンクリートの打込み作業を待つ状態で開催されるのが望ましい。しかし，工期の逼迫に伴い，事前検討会の当日までに，たとえば，型枠作業などが終了していない場合が生じることがある。そのような場合は，翌日のコンクリート打込み前に型枠検査の実施，また，型枠内の清掃がおろそかになる場合があるので，型枠内の清掃状況の確認を忘れずに実施することが肝要である。

打設日を挟んで実施すべき打合せの例を時系列で以下に示す。これは，現場全体の意思疎通を図るとともに，コンクリートの打込み・締固めという打設作業にかかわる関係者全員の意識を高めることを目的としている。

- 打設前々日：工事管理者全員で事前検討会（打設計画書，作業手順書の読み合わせ，役割確認）
- 打設前日：作業員全員で打設周知会（作業手順書の読み合わせ，作業内容確認，注意事項指示，打設資機材の確認，役割決定・確認）
- 打設当日：作業打合せ（作業手順書の再確認，作業役割の再確認）
- 打設終了当日あるいは翌日：反省会（元請と各協力業者において作業結果について打合せを行い，次回打設へ反映）

［引用文献］

1） 土木学会：2017年制定 コンクリート標準示方書［施工編］施工編，p.31，2018年3月
2） 土木学会：2017年制定コンクリート標準示方書［施工編］本編，p.20，2018年3月

8　打込み・締固め準備作業

設計で計画したコンクリート構造物がきちんと構築できるかどうかは，事前準備の良し悪しにかかっているといっても過言ではない。

コンクリートの打込みを行うためには，打込み・締固め作業に携わるすべての人が，施工計画を理解し，作業手順を把握しておくことが重要である。そのためには，コンクリートの打込み作業が行われる前日に，関係者で打合せを行い，作業手順，人員配置，タイムスケジュール，安全体制などを確認する必要がある。この章では，コンクリート打込み作業の前日あるいは当日にコンクリート技術者・技能者が行うべきことをチェック項目として示している。

作業手順，役割分担の最終確認，型枠，支保工，配筋の乱れや型枠内のゴミの有無，鉄筋への氷雪の付着の有無の確認およびそれらの確実な除去などの重要性について述べる。また，打込みに使用する機器の数量，稼働の確認，予備の機器が準備されていることの確認，安全対策の確認など，実際のコンクリートの施工を開始するまでの準備作業について述べる。

8.1　安全・衛生管理の留意事項

作業者の選定においては，求められる資格，作業の難易度，技量などに留意し，適切な作業員を配置する必要がある。また，作業者は作業着手前に，あらかじめ元請施工会社が実施する新規入場者教育を修了しておく必要がある。

ここでは，コンクリート打込み作業だけに限った内容ではないが，現場で作業を行う際に，自分たちの身を守るうえで重要な「安全・衛生管理の留意事項」に関するチェック項目の例を表 8.1 に示す。また，以下に「安全・衛生管理」に必要な基本的なチェック項目の例について，その必要性について述べる。

(1)「施工管理者が行う事前打合せおよび当日の安全朝礼に参加し，作業前に実施すべき安全に関する事項を確認する」

事前の打合せで，現場内の安全に関する規則や作業時の留意事項などを確認し，作業者全員に周知する必要がある。

①作業内容の確認
②現場の安全規則，就業規則，遵守事項の確認
③危険箇所・立入禁止箇所と安全通路の確認
④ブーム直下での作業禁止の周知徹底
⑤安全朝礼への参加
⑥安全ミーティング・危険予知（KY）活動への参加

(2)「安全通路・作業通路の設置および表示があり，適正な位置に立入禁止が表示されていることを確認する」

現場に新規入場して作業を開始する前に，現場内の安全通路，作業通路がきちんと確保され，誰にもわかるような表示がされているかどうかを確認する必要がある。また，危険な箇所などに立入禁止の表示があることを確認しておく。

(3)「大きな段差のある箇所には「段差あり」の表示があり，1.5m以上の段差には昇降設備があることを確認する」

大きな段差がある箇所には段差があることを示す表示が必要であり，1.5 m以上の段差がある場合には昇降設備が設置されていることを確認する必要がある。

(4)「足場・ステージ・作業構台・ローリングタワーなどの最大積載荷重が表示されていることを確認する」

足場・ステージ・作業構台・ローリングタワーなどを用いて作業を行う場合，これらの最大積載荷重が表示されていることを確認し，この荷重を超えるような人員や機器類を積載することを避ける必要がある。

(5)「足場の墜落防止，飛来落下防止措置（手すり，端部手すり，幅木，防網など）がされていることを確認する（手すり85cm以上，中桟35～50cm）」

足場からの墜落防止などのために必要な手すりや防護ネットなどが所定の高さ，間隔などで設置されていることを確認する必要がある。

(6)「高所で安全帯を使用するための設備と安全帯使用表示があることを確認する」

高所で作業を行う際に，安全帯のフックを掛けるための手すり，単管や親綱が設置されていることを確認する必要がある。

(7)「作業に適した服装，保護具を着用していることを確認する（保護帽，安全帯，安全靴，保護眼鏡，手袋など）」

安全点検として，作業着手前に作業者の服装，安全保護具（保護帽・安全帯・安全靴など）の装備（図8.1参照）を着用していることを相互に確認する必要がある。

表8.1「安全・衛生管理」に関するチェック項目の例

作業工種	確認日	チェック事項	チェック結果	是正処置	特記事項
安全・衛生管理	前日・当日	(1)施工管理者が行う事前打合せおよび当日の安全朝礼に参加し，作業前に実施すべき安全に関する事項を確認したか			
	前日・当日	(2)安全通路・作業通路の設置および表示があり，適正な位置に立入禁止が表示されていることを確認したか			
	前日・当日	(3)大きな段差のある箇所には「段差あり」を表示しており，1.5m以上の段差には昇降設備があることを確認したか			
	前日・当日	(4)足場・ステージ・作業構台・ローリングタワーなどの最大積載荷重が表示されていることを確認したか			
	前日・当日	(5)足場の墜落防止，飛来落下防止措置(手すり，端部手すり，幅木，防網など)がされていることを確認したか（手すり85cm以上，中桟35～50cm）			
	前日・当日	(6)高所で安全帯を使用するための設備はあるか。安全帯使用表示はあるか			
	前日・当日	(7)作業に適した服装，保護具を着用していることを確認したか（保護帽，安全帯，安全靴，保護眼鏡，手袋など）			
	前日・当日	(8)緊急時の連絡網を確認したか			
	前日・当日	(9)熱中症対策が講じられていることを確認したか（休憩，水分補給，塩分補給など）			
	前日・当日	(10)救急用具（担架・救急箱）を設置し，場所・使用方法を全員に周知しているか			

記号　レ：良好　×：不良　○：処置済み　／：該当なし

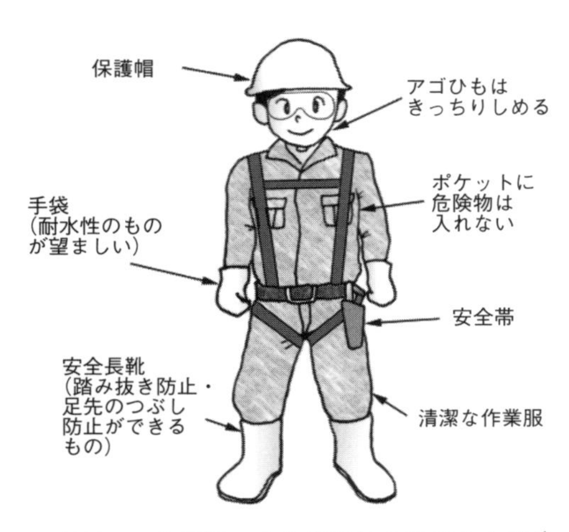

図 8.1　作業服，安全保護具の装備の点検 [1)]

(8)「緊急時の連絡網を確認する」

万が一の事故が発生した場合に，作業所内，病院，警察など，関係者への連絡体制が構築されていることを確認する必要がある。

(9)「熱中症対策が講じられていることを確認する（休憩，水分補給，塩分補給など）」

暑中に作業を行う際に，冷房が効いた休憩室，スポーツドリンクや水分，塩分が補給できる準備ができていることを確認する必要がある。

(10)「救急用具（担架・救急箱）が設置されていることを確認し，場所・使用方法を全員に周知する」

負傷者が出た際に，応急処置ができる救急用具の設置場所，使用方法を元請会社の担当者から聞いて，関係者全員に周知する必要がある。

8.2　打込み作業手順の確認

コンクリートの打込みを開始するまでに準備する事項のチェック項目のうち，「打込み作業手順の確認」に関するチェック項目の例を表 8.2 に示す。

また，コンクリートの打込み作業を行ううえで，前日までるいは当日に確認すべき基本的事項とその必要性について以下に述べる。

(1)「事前に打合せに参加し，施工管理者が作成した施工計画書・作業手順書の説明を受ける」

表 8.2 「打込み作業手順の確認」に関するチェック項目の例

作業工種	確認日	チェック事項	チェック結果	是正処置	特記事項
打込み作業手順の確認	前日	(1)施工計画書・作業手順書が作成されており，事前に打合せで説明を受けたか			
	前日	(2)工区区分が明確に示されており，工区境の漏れ止め対策，打継ぎ部に差し筋を行ったか			
	前日	(3)打込み作業のタイムスケジュールが示されており，関係者に徹底したか			
	前日	(4)型枠支保工などに偏圧が作用しないように，事前に打込み順序および 1 日の打込み高さの指示を受け，関係者に周知したか			
	前日	(5)作業主任者は誰であるかが明確になっており，直接指揮で作業を行う計画が示されたか			
	前日・当日	(6)打込み作業に携わる関係者の役割分担が明確になっており，各人に役割を指示したか			
	前日・当日	(7)生コン工場との連絡体制がどうなっているかを確認したか			

記号　レ：良好　×：不良　○：処置済み　／：該当なし

事前に元請会社は，適切な施工計画，作業手順書を作成し，打込み作業に携わる関係者全員に作業の流れを周知しておく必要がある。

施工計画では，事前に予想されるトラブル（交通渋滞，ポンプ車や機器の故障など）の発生を想定し，その対策についても計画しておくことが重要である。事前の打合せで説明を受けた際に，不明な点，気づいた点はきちんと明確にしておくことが必要である。

(2)「工区区分の指示を明確に受け，工区境の漏れ止め対策，打継ぎ部に差し筋を行う」

打込み当日の施工範囲が明確に示されたら，工区境のコンクリートの漏れ止めを確実に行う必要がある。さらに，打継ぎ部の一体化のために必要に応じて差し筋の設置や，漏水防止のための止水板の設置が必要な場合には，所定の位置に堅固に設置するとともに，確実な実施をチェックする必要がある。

(3)「打込み作業のタイムスケジュールを確認し，関係者に徹底する」

打込み作業の開始時刻，昼食時は一斉休憩をとるのか，打込み作業を継続しながら交代で休憩をとるのか，打込み作業の終了予定時刻は何時頃か，などを元請会社の作業主任者に確認する。この情報を関係者全員に周知し，スムーズな打込みができるようにする必要がある。

(4)「型枠支保工などに偏圧が作用しないように，事前に打込み順序，および1日の打込み高さを確認し，関係者に周知する」

コンクリートポンプの筒先を移動せずに1か所から打ち込むと型枠や支保工に偏圧が作用して，型枠の変形や転倒が生じるおそれがある。そこで，あらかじめコンクリートを打ち込む順序および1日の打込み高さを定めて，計画通り打込み作業を行うことが必要である。作業主任者との事前の打合せでこれらを確認し，関係者全員に周知する必要がある。

(5)「作業主任者が誰であるかを確認し，直接指揮で作業を行う計画の指示を受ける」

コンクリート打込み当日の元請会社の作業主任者が選任され，作業主任者が直接指揮を執って打込み作業を行う計画を立案するとともに，全員に周知する必要がある。それによって，指揮命令系統が明確になり，トラブルが発生した際に直ちに作業主任者へ連絡を行うことができる。

(6)「打込み作業に携わる関係者の役割担を明確にし，各人に役割を指示する」

コンクリートの打込みに携わる人（全員）が，打込み当日の自らの役割をきちんと把握して作業することは，効率よく確実な施工を行ううえで重要である。

(7)「生コン工場との連絡担当者が誰かを確認する」

コンクリート打込み当日に，生コン工場の出荷担当者に連絡を取る元請会社の職員は，あらかじめコンクリートの配合（調合），打込み予定数量，1車当たりの積載量，運搬時間（予定），出荷スケジュール，連絡体制などを生コン工場と打ち合わせておく必要がある。また，施工当日の天候やトラブル発生時の対応方法，連絡方法についてもあらかじめ調整しておく必要がある。打込み作業中にコンクリートの供給に影響を及ぼす事態が発生した際には，直ちにこの連絡担当職員および作業主任者に連絡をすることが重要である。

8.3　コンクリートポンプ車の設置

「コンクリートポンプ車の設置」に関するチェック項目の例を表 8.3 に示す。

また，コンクリートポンプ車を設置するうえで，確認すべき基本的事項とその必要性について以下に述べる。

(1)「コンクリートポンプのオペレータは，特別教育修了者が配置されていることがチェックされていることを確認する」

コンクリートポンプ車のオペレータは特別教育を修了した有資格者を配置する必要がある。したがって，コンクリートポンプ車が現場に搬入された際に，元請会社の担当者はオペレータの資格を確認する必要がある。

コンクリート打込み・締固め工の職長は，担当者がこのチェックを行ったことを確認しておく必要がある。

(2)「ポンプ車のオペレータと筒先作業員との合図方法を確認する」

コンクリートポンプ車のオペレータと筒先を取り回す作業者とで，コンクリート打込み開始前にコンクリートの圧送開始および中断，再開の合図をあらかじめ確認しておく必要がある。合図が確実に行われないと，コンクリートが型枠からあふれ出たり，型枠の変形・転倒につながるおそれがある。

(3)「ポンプ車の車両は適切に設置（サイドブレーキ，車止め，凍結除去など）されていることを確認する」

コンクリートポンプ車を設置したら，サイドブレーキを引いているか，タイヤに車止めを設置しているかなどを確認して，コンクリート圧送中にコンクリートポンプ車が移動することがないように対策を講じる必要がある。元請会社の担当者が確認して

表 8.3 「コンクリートポンプ車の設置」に関するチェック項目の例

作業工種	確認日	チェック事項	チェック結果	是正処置	特記事項
コンクリートポンプ車の設置	前日・当日	(1)コンクリートポンプのオペレータは，特別教育修了者が配置されていることがチェックされていることを確認したか			
	前日・当日	(2)ポンプ車のオペレータと筒先作業員との合図方法を確認したか			
	前日・当日	(3)ポンプ車の車両は適切に設置（サイドブレーキ，車止め，凍結除去など）されていることを確認したか			
	前日・当日	(4)ポンプ車の転倒防止対策（敷き鉄板，アウトリガー最大張出しなど）が取られていることを確認したか			
	前日・当日	(5)ポンプ車の配管は確実に連結および固定されていることを確認したか			
	前日・当日	(6)ポンプ車の先端ホース落下防止ワイヤなどの取付けがされていることを確認したか			

記号　レ：良好　×：不良　○：処置済み　／：該当なし

いても，安全のため重ねて確認しておく必要がある。

(4)「ポンプ車の転倒防止対策（敷き鉄板，アウトリガー最大張出しなど）が取られていることを確認する」

コンクリートポンプ車を現場に搬入し，所定の位置に設置する際には，施工中にコンクリートポンプ車が転倒することがないように，設置場所に鉄板を敷いたり，アウトリガーを最大まで張り出して，アウトリガーが沈下しないように角材を敷くなどの対策が必要である（写真 8.1 参照）。元請会社の担当者が確認していても，安全のため重ねて確認しておく必要がある。

(5)「ポンプ車の配管は確実に連結および固定されていることを確認する」

コンクリートポンプ車の配管は確実に連結し，圧送圧力が高くなった場合でも連結部が外れることのないように強固に連結する必要がある。連結部が外れると重大な事故につながるおそれがあるため，コンクリートの打込み開始前に確実にチェックを行っておく必要がある。

(6)「ポンプ車の先端ホース落下防止ワイヤなどの取付けがされていることを確認する」

コンクリートポンプ車の先端のフレキシブルホースが，打込み作業中に落下することがないように，落下防止ワイヤなどでコンクリートポンプ車のブームに確実に連結しておく必要がある（写真 8.2 参照）。フレキシブルホース等が落下すると重大な事故につながるおそれがあるため，コンクリートの打込み開始前に確実にチェックを行っておく必要がある。

8.4　型枠・支保工・配筋の確認

「型枠・支保工・配筋の確認」に関するチェック項目の例を表 8.4 に示す。

また，型枠・支保工・配筋の確認をするうえで，確認すべき基本的事項とその必要

写真 8.1　アウトリガーの最大張出しの例[2)]

写真 8.2　落下防止装置の例[2)]

性について以下に述べる。

⑴ **「作業前に足場，型枠支保工および型枠を点検し，不備な箇所は作業前に補修する」**

足場や型枠，支保工など，コンクリートの打込み作業員が移動する際に，変形したり，倒壊したりすると，適切な打込み，締固め作業ができないばかりか，重大な事故につながるおそれがある。したがって，型枠，支保工が堅固に組み立てられていることを確認するとともに，作業員が作業中に乗った際に安全が確保できていることを確認し，不備がある場合は事前に修復しなければならない。

⑵ **「コンクリートの打込み前に型枠支保工にゆるみなどがないことを確認する」**

型枠や支保工にゆるみがあると，コンクリートを打ち込んだ際に，型枠がはらんだり，沈下したりして，コンクリート構造物の出来形が確保できなくなるおそれがある。また，倒壊による事故につながるおそれもあるため，あらかじめ型枠や支保工にゆるみがないことを確認しておく必要がある。

⑶ **「型枠内部を清掃し，木屑や結束線などの異物が残っていないことを確認する」**

型枠内部に木屑や結束線などの異物がある状態でコンクリートを打ち込むと，断面欠損が生じたり，型枠面に結束線が現われて錆汁の発生によりコンクリート表面が汚れるおそれがある。したがって，コンクリート打込み前に型枠内の異物は清掃して除去しておく必要がある。

⑷ **「コンクリート打込み前に型枠内面を霧吹きなどで湿らせる」**

型枠内面が乾いていると，打ち込まれたコンクリートの水分を型枠が吸収して，コンクリートのスムーズな流動の妨げになったり，硬化コンクリートの表面組織が粗になったりするおそれがあるので，型枠面はあらかじめ霧吹きなどを用いて湿らせておく必要があるが，かけ過ぎて型枠下に水が溜まることがないように留意する。

表 8.4 「型枠・支保工・配筋の確認」に関するチェック項目の例

作業工種	確認日	チェック事項	チェック結果	是正処置	特記事項
型枠・支保工・配筋の確認	前日・当日	⑴作業前に足場，型枠支保工および型枠を点検し、不備な箇所は作業前に補修したか			
	前日・当日	⑵コンクリートの打込み前に型枠支保工にゆるみなどがないことを確認したか			
	前日・当日	⑶型枠内部を清掃し，木屑や結束線などの異物が残っていないことを確認したか			
	前日・当日	⑷コンクリート打込み前に型枠内面を霧吹きなどで湿らせたか			
	前日・当日	⑸型枠は外面から叩くための木づちや必要に応じて外部振動機を準備したか			
	前日・当日	⑹配筋は堅固に結束されていて，ゆるみがないことを確認したか			
	前日・当日	⑺結束線（の輪やヒゲ）がかぶり部を侵していないことを確認したか			
	前日・当日	⑻配筋上に打込み作業者の動線に応じて歩み板（メッシュロードなど）を敷いたか			

記号　レ：良好　×：不良　○：処置済み　／：該当なし

⑸ 「型枠は外面から叩くための木づちや必要に応じて外部振動機を準備する」

コンクリートは内部振動機を挿入して締め固めるのが基本であるが，高密度配筋部や型枠の形状が複雑な場合，傾斜部を有する場合などでは，隅々まで内部振動機を挿入することが困難な場合がある。そのような場合には，型枠の外側から外部振動機（型枠バイブレータ）で振動を加えたり，木づちで型枠を叩いたりしてコンクリートの充填を補助する必要がある。これらを用いる必要がある場合に，あらかじめ準備できていることを確認する必要がある。

⑹ 「配筋は堅固に結束されていて，ゆるみがないことを確認する」

配筋は結束線などで堅固に結束していないと，コンクリートの打込みの際に，鉄筋上に乗って作業したり，打ち込んだコンクリートが流動する際に鉄筋位置が動いてしまうおそれがある。したがって，あらかじめ配筋が堅固に結束されていることを確認する必要がある。

⑺ 「結束線（の輪やヒゲ）がかぶり部を侵していないことを確認する」

鉄筋を結束した結束線がかぶり内に残っていると，結束線が早期に腐食してしまい，その部分の鉄筋へ腐食が広がってしまうことになる。したがって，結束線の輪っかやヒゲは鉄筋の内側に折り曲げておく必要があり，確実な実施をチェックすることが重要である。

⑻ 「配筋上に打込み作業者の動線に応じて歩み板（メッシュロードなど）を敷く」

直接スラブ配筋の上を歩いてコンクリートの打込み作業を行うと，鉄筋のすきまに足を取られてケガをしてしまうおそれがある。また，配筋の1か所に集中荷重が作用するために配筋がずれるおそれがある。このような場合，メッシュロード（写真8.3参照）を敷いておくことで，作業性が向上し，配筋に作用する荷重もメッシュロードで分散される効果もある。あらかじめメッシュロードが打込み作業を行う人の動線に対応して設置されていることを確認する必要がある。

8.5 コンクリートの打込み，締固め，仕上げの準備の確認

「コンクリートの打込み，締固め，仕上げの準備の確認」に関するチェック項目の例を表8.5に示す。

「コンクリートの打込み，締固め，仕上げの準備の確認」をするうえで，確認すべき基本的事項とその必要性について以下に示す。

⑴ 「運搬装置・打込み装置が汚れていないことを確認する」

写真8.3　配筋上の歩み板（メッシュロード）の例

コンクリートの運搬，打込みに用いる機器に油や不純物が付着していると，コンクリートと一緒に躯体に打ち込まれてしまい，硬化後のコンクリートの強度などの品質に悪影響を及ぼすおそれがある。したがって，使用する機器が汚れていないことをあらかじめ確認しておく必要がある。

⑵「打込み箇所に給排水できる段取りを行う」

型枠内がゴミなどで汚れている場合，ハイウォッシャで洗浄したり，型枠が乾いている場合に型枠面を湿らせるためや打込み終了後の湿潤養生のために，打込み箇所に給水できる準備が必要である。また，打込み箇所を洗浄した際に余分の水を除去するために排水手段（バキューム，型枠に排水窓を設けるなど）も必要である。

⑶「コンクリートの打継ぎ面のレイタンス除去，目粗し処理，清掃などを行い，打継面を湿らせる」

コンクリートの打継面にレイタンスなどの脆弱層がある場合は，これをハイウォッ

表 8.5 「コンクリートの打込み，締固め，仕上げの準備の確認」に関するチェック項目の例

作業工種	確認日	チェック事項	チェック結果	是正処置	特記事項
コンクリートの打込み、締固め、仕上げの準備の確認	前日・当日	⑴運搬装置・打込み装置が汚れていないことを確認したか			
	前日・当日	⑵打込み箇所に給排水できる段取りをしたか			
	前日・当日	⑶コンクリートの打継ぎ面のレイタンス除去，目粗し処理，清掃等を行い，打継面を湿らせたか			
	前日・当日	⑷内部振動機を必要数準備し，事前に動作確認を行ったか			
	前日・当日	⑸故障に備えて予備の内部振動機を準備しているか			
	前日・当日	⑹内部振動機にコンクリート中への挿入深さの目印をつけたか			
	前日・当日	⑺使用する内部振動機の仕様，数量に応じた発電機やインバータ，延長ケーブルなどを準備し，事前に動作確認を行ったか			
	前日・当日	⑻コンクリートの打込み・締固め作業を行う人員に余裕をもたせた配置になっていることを確認したか			
	前日・当日	⑼内部振動機の使用者は，防振手袋などの保護具を使用し，足場上からの転落防止対策を講じているか			
	前日・当日	⑽棒状の内部振動機使用時は，操作者以外の者を近づけないように指示したか			
	前日・当日	⑾生コン車の受入れに誘導員を配置し，誘導方法を指示したか			
	前日・当日	⑿コンクリートポンプ車周辺を関係者以外立入禁止の措置を行ったか			
	前日・当日	⒀コンクリートポンプ車のブーム下方への立入禁止の措置を行ったか			
	前日・当日	⒁高所作業で墜落の危険やおそれのある場合は，安全帯の使用・手すりの設置・防護網の設置など墜落および落下防止の措置を講じたか			
	前日・当日	⒂コンクリート等の噴き出しおよび配管の暴れにより作業員に危険を及ぼすおそれのある箇所に，立入禁止措置を講じたか			
	前日・当日	⒃打込み作業終了後，直ちにコンクリートの養生ができる準備を行ったか			
	前日・当日	⒄打ち込むコンクリートの配合（調合），当日の打込み量を確認したか			
	前日・当日	⒅先送りモルタルの種類，量，処理方法（排出の方法）を確認したか			
	前日・当日	⒆輸送管の洗浄作業の方法を確認したか（水送り，クリーナボール受けなど）			
	前日・当日	⒇ポンプの洗浄方法を確認したか（洗浄場所，残コンの処理方法，手順）			

記号　レ：良好　×：不良　○：処置済み　／：該当なし

シャなどで確実に取り除き，打ち込むコンクリートの水分が既設コンクリートに吸水されないように打継面をあらかじめ湿らせておく必要がある（写真 8.4 参照）。

(4)「内部振動機を必要数準備し，事前に動作確認を行う」

打込み作業時に内部振動機が稼働しないと，締固めができなくなり，計画どおりの打込み速度が確保できなくなるばかりでなく，充填不良などの欠陥が生じるおそれがあるため，事前に必要数の内部振動機を準備するとともにすべての動作確認を行っておく必要がある。

(5)「故障に備えて予備の内部振動機を準備する」

打込み作業中にバイブレータが故障すると，計画どおりの打込み速度が確保できなくなるばかりでなく，充填不良などの欠陥が生じるおそれがあるため，あらかじめ予備のバイブレータを準備しておくことが重要である。

(6)「内部振動機にコンクリート中への挿入深さの目印をつける」

コンクリートを何層かに分けて打込む場合，内部振動機の先端を 10cm 程度下の層に挿入して締め固めることで，下層との一体化を図る必要がある。内部振動機の先端を確実に下層に挿入できるように，内部振動機に高さ管理用にビニールテープなどで目印を付けておくとよい（写真 8.5 参照）。

(7)「使用する内部振動機の仕様，数量に応じた発電機やインバータ，延長ケーブルなどを準備し，事前に動作確認を行う」

内部振動機などの電源を発電機やインバータで確保する場合，それらが確実に稼働することや燃料があること，延長コードの要否を検討して事前に準備をするとともに，確実な実施のチェックをしておく必要がある。

(8)「コンクリートの打込み・締固め作業を行う人員に余裕をもたせた配置になっていることを確認する」

コンクリートの打込み作業中に予期せぬトラブルが発生することがある。そのような場合でも，確実に打込み作業が計画どおりに進められるように余裕をもった人員配置をしておく必要がある。

(9)「内部振動機の使用者は，防振手袋な

写真 8.4　既設コンクリートへの散水

写真 8.5　バイブレータ挿入深さの目印

どの保護具を使用し，足場上からの転落防止対策を講じる」

長時間内部振動機を用いて締固め作業を行うと，振動により手にしびれが生じるおそれがあるため，防振手袋などの保護具を着用させるとともに，作業者が足場上から転落することがないように安全対策を講じておく必要がある。

⑽「棒状の内部振動機使用時は，操作者以外の者を近づけないように指示する」

棒状の内部振動機を用いて締固め作業を行う場合，内部振動機の挿入，引き抜き，移動の際に周囲の人に接触して負傷するおそれがあるため，操作者以外の者が近づかないように指示あるいは対策を行う必要がある。

⑾「生コン車の受入れに誘導員を配置し，誘導方法を指示する」

何台目のトラックアジテータ（生コン車）で受入れ検査を実施するのか，またコンクリートポンプ車に複数台の生コン車を付けてコンクリートを供給する場合に，試料採取や生コン車の入替えの指示，合図を確実に行う必要がある。これらをスムーズに行うためには，専属の誘導員の配置が必要であり，誘導方法を確実に指示する必要がある。

⑿「コンクリートポンプ車周辺を関係者以外立入禁止の措置を行う」

コンクリートポンプ車周辺は生コン車が頻繁に出入りするとともに，打込み箇所の移動に伴ってコンクリートポンプ車のブームを移動させる必要があるため，不測の事態の発生を防止するために，関係者以外立入禁止の措置を講じる必要がある。

⒀「コンクリートポンプ車のブーム下方への立入禁止の措置を行う」

打込み箇所の移動に伴って，コンクリートポンプ車のブームを移動させる必要があり，またコンクリートポンプ車のブームの配管，ホースのジョイント部からコンクリートが噴出するおそれがある。したがって，コンクリートポンプ車のブーム下方への作業者の立入禁止の措置を講じる必要がある。

⒁「高所作業で墜落の危険やおそれのある場合は，安全帯の使用・手すりの設置・防護網の設置など墜落および落下防止の措置を講じる」

コンクリートの打込み作業が高所での作業となる場合などで，墜落のおそれがある場合には，作業する人たち全員が確実に安全帯を使用するとともに，手すりや防護網の設置を行って墜落・落下防止の措置を講じる必要がある。

⒂「コンクリートなどの噴き出しおよび配管の暴れにより作業員に危険を及ぼすおそれのある箇所に，立入禁止措置を講じる」

コンクリートを長距離あるいは高所へ圧送する場合や，使用するコンクリートが粉体量（セメントなど）の多い配合（調合）で粘性が高い場合には，圧送するためにコンクリートポンプ車の圧力が高くなる場合がある。このような場合，配管が暴れたり，配管の破裂などによりコンクリートが噴き出すおそれがあるため，配管周りへの立入禁止措置を講じる必要がある。

⒃「打込み作業終了後，直ちにコンクリートの養生ができる準備を行う」

コンクリートの打込み作業が終了した際に，そのまま放置しておくとコンクリート表面が乾燥してひび割れが発生するおそれがある。特に夏季の直射日光や冬季に冷気に晒されることは避けなければならない。そこで，直ちにコンクリート表面をブルーシートで覆って，コンクリート表面を日射や風などから守るとともに，表面仕上げが終了した後は湿潤養生や適度な温度で管理する必要がある。

⒄「打ち込むコンクリートの配合（調合），当日の打込み量を確認する」

打ち込むコンクリートの配合（調合）や当日の打込み量は，元請会社の担当者が決定して，打合せで関係者に指示をする。コンクリート打込み・締固め工の職長は，これを確認して打込み作業関係者全員に伝える必要がある。

⒅「先送りモルタルの種類，量，処理方法（排出の方法）を確認する」

コンクリートの圧送前に先送りモルタルを圧送して配管の全長にわたって内側にモルタルを付着させる必要がある。この先送りモルタルは，打ち込まれるコンクリートの仕様と同等以上の品質である必要があり，躯体の中に打ち込んではならない。したがって，配管の長さに応じた必要量を圧送し，圧送したモルタルの処理方法（トラックアジテータに戻すなど）を確認しておく必要がある。

⒆「輸送管の洗浄作業の方法を確認する（水送り，クリーナボール受けなど）」

コンクリートの打込み作業が終了した後に，輸送管内を洗浄する方法をあらかじめ打ち合わせておき，洗浄水の確保方法，処理方法などを確認しておく必要がある。

⒇「ポンプの洗浄方法を確認する（洗浄場所，残コンの処理方法，手順）」

コンクリートポンプの洗浄方法を確認し，ポンプや輸送管内に残った残コンの処理方法，洗浄する場所，洗浄水の処理方法を確認しておく必要がある。

8.6　暑中コンクリートの留意事項

「暑中コンクリートの留意事項」に関するチェック項目の例を表 8.6 に示す。

また，暑中コンクリートの打込み，締固

表 8.6 「暑中コンクリート」に関するチェック項目の例

作業工種	確認日	チェック事項	チェック結果	是正処置	特記事項
暑中コンクリート	前日・当日	(1)打込み箇所は，散水などによりコンクリートが接する部分の温度を下げて湿らせたか			
	前日・当日	(2)直射日光で輸送管，鉄筋，型枠が熱くならないように，覆いを設けたり，配管を濡れウェスで巻いたか			
	前日・当日	(3)練り混ぜたコンクリートの温度が上昇したり，乾燥しないような運搬計画になっていることを確認したか			
	前日・当日	(4)打込み終了後，速やかに養生を開始し，コンクリート表面の乾燥，日射，風などを防ぐ対策方法を決めて準備したか			

記号　レ：良好　×：不良　○：処置済み　／：該当なし

めの準備をするうえで，確認すべき基本的事項とその必要性について以下に示す。

(1) 「打込み箇所は，散水などによりコンクリートが接する部分の温度を下げて湿らせる」

暑中コンクリートを施工する際には，既設コンクリート面や鋼製型枠が日射によって熱くなっている可能性がある。その状況のままコンクリートを打ち込むと，打ち込んだコンクリートの水分が蒸発したり，高温のためにセメントの凝結が早まることで，コンクリートの強度不足や組織が粗になるおそれがある。したがって，事前に散水などによって，型枠や既設コンクリートの温度を下げたり，吸水させて湿らせておく必要がある。

(2) 「直射日光で輸送管，鉄筋，型枠が熱くならないように，覆いを設けたり，配管を濡れウェスで巻く」

コンクリートを打ち込む前に直射日光が当たることで，輸送管や鉄筋，型枠が熱くなると，打ち込むコンクリートの温度が上昇し,温度ひび割れ発生の要因になったり，コンクリートの長期強度の発現に悪影響を及ぼすおそれがある。したがって，打込み作業が始まる前（可能であれば打込み作業中も）に覆いなどにより直射日光を遮る必要がある。

(3) 「練り混ぜたコンクリートの温度が上昇したり，乾燥しないような運搬計画になっていることを確認する」

レディーミクストコンクリート工場から現場までの場外運搬時にコンクリートの温度を上昇させないことが重要である。そのためには，運搬時間が最短となる経路を選定したり，トラックアジテータのドラムに日光を反射するカバーを設置したり，カバーに保水させて気化熱でドラムの温度を下げる効果を期待する方法などの対策があげられる。また，トラックアジテータの投入口は蓋をしてコンクリートの水分の蒸発を防ぐ必要がある。

これらは元請会社の担当者が確認することであるが，コンクリート打込み・締固め工の職長もこれらの対策がとられていることを事前にチェックしておくことが望ましい。

(4) 「打込み終了後，速やかに養生を開始し，コンクリート表面の乾燥，日射，風などを防ぐ対策方法を決めて準備する」

コンクリートの打込みが終了した際に，コンクリート表面に直射日光や風が当たると，コンクリート温度が上昇するとともに水分が蒸発してコンクリート表面にひび割れが発生するおそれがある。したがって，打込み終了後直ちにシートなどで覆ってコンクリート表面の乾燥を防ぐ必要がある。なお，仕上げ作業ができるように容易にコンクリート表面を露出できるようにしておき，仕上げ作業終了後には，湿潤養生ができるように養生シートなどの準備をしておく必要がある。

8.7 寒中コンクリートの留意事項

「寒中コンクリートの留意事項」に関するチェック項目の例を表 8.7 に示す。

また，寒中コンクリートの打込み，締固

めの準備をするうえで，確認すべき基本的事項とその必要性について以下に示す。

⑴「打込み箇所の鉄筋，型枠などに氷雪が付着していないことを確認する」

降雪や型枠内を洗浄した残り水が凍結した氷が鉄筋や型枠内にあると，コンクリート打込み後にこれらが解けて空隙となったり，接しているコンクリートの強度発現を妨げるおそれがある。したがって，事前に型枠内や鉄筋に氷雪がないことを確認するとともに，あった場合はこれを解かして水を除去しておくことが重要である。

⑵ 地盤が凍結している場合，これを解かし，水分を十分に除去する」

コンクリート構造物を構築する場所の地盤が凍結したままコンクリートを打ち込むと，地盤の凍結が解けた際に構造物が沈下したり傾斜したりするおそれがある。したがって，コンクリート打込み前に地盤が凍結していないことを確認し，凍結している場合はこれを解かし，余分な水分を除去しておく必要がある。

⑶「輸送管の冷却を防止するために，断熱材などを巻いて保護する」

外気温が低いときにコンクリートを長い距離圧送すると，冷却された輸送管によってコンクリートの温度が低下するおそれがある。したがって，寒中コンクリートを施工する際には，輸送管に断熱材を巻くなどの方法でコンクリートの温度低下を防止することが重要である。

⑷「練り混ぜたコンクリートの温度が急激に下降したり，乾燥しないような運搬計画になっていることを確認する」

レディーミクストコンクリート工場から現場までの場外運搬時にコンクリートの温度を急激に降下させないことが重要である。そのためには，運搬時間が最短となる経路を選定したり，トラックアジテータのドラムに保温カバーを設置するなどの対策を検討する必要がある。また，トラックアジテータの投入口は蓋をしてアジテータ内部のコンクリートが乾燥した冷気と接することを防ぐ必要がある。

これらは元請会社の担当者が確認することであるが，コンクリート打込み・締固め工の職長もこれらの対策がとられていることを事前にチェックしておくことが望ましい。

表 8.7 「寒中コンクリート」に関するチェック項目の例

作業工種	確認日	チェック事項	チェック結果	是正処置	特記事項
寒中コンクリート	前日・当日	⑴打込み箇所の鉄筋，型枠等に氷雪が付着していないことを確認したか			
	前日・当日	⑵地盤が凍結している場合，これを解かし，水分を十分に除去したか			
	前日・当日	⑶輸送管の冷却を防止するために，断熱材等を巻いて保護してたか			
	前日・当日	⑷練り混ぜたコンクリートの温度が急激に下降したり，乾燥しないような運搬計画になっていることを確認したか			
	前日・当日	⑸打込み終了後，速やかに養生を開始し，コンクリートが初期に凍結しないように保護対策方法を決めて準備したか			
	前日・当日	⑹コンクリートに給熱養生を行う場合，コンクリート表面の乾燥を防いで湿潤状態に保つ対策を決めて準備したか			

記号　レ：良好　×：不良　○：処置済み　／：該当なし

(5) 「打込み終了後，速やかに養生を開始し，コンクリートが初期に凍結しないように保護対策方法を決めて準備する」

コンクリートの打込みが終了した際に，コンクリート表面に寒風が当たると，コンクリート温度が急激に降下してコンクリート表面が凍結したり，乾燥ひび割れが発生するおそれがある。したがって，打込み終了後直ちにシートなどで覆ってコンクリート表面の乾燥や急激な温度低下を防ぐ必要がある。なお，仕上げ作業ができるように容易にコンクリート表面を露出できるようにしておき，仕上げ作業終了後には，保温養生や湿潤養生ができるように養生シートなどの準備をしておく必要がある。

(6) 「コンクリートに給熱養生を行う場合，コンクリート表面の乾燥を防いで湿潤状態に保つ対策を決めて準備する」

コンクリートが凍結しないように温風やジェットヒータなどにより給熱養生を行う場合には，コンクリート表面が急激に乾燥しないように，コンクリート表面に直接温風が当たらないようにするとともに，湿潤状態に保つようにすることが重要である。これら給熱養生の方法や湿潤状態に保つ方法を決めて，必要な機器の準備ができていることを確認する必要がある。

コンクリートの打込み作業を開始する前に，打込み作業に携わる全員が作業の内容，作業手順，役割分担，スケジュール，安全体制などを把握して打込み当日に臨むことが重要である。

また，よいコンクリートを打ち込むためには，事前に適切な準備を確実に行っておくことが成否に大きく影響する（段取り八分）。そのため，事前の打合せによって関係者間のコミュニケーションを図るとともに，チェックシートなどを用いて事前の準備に漏れがないようにすることが大切である。

［引用文献］

1) 全国コンクリート圧送事業団体連合会：最新コンクリートポンプ圧送マニュアル，p.171，井上書院，2019年

2) 土木学会：コンクリートのポンプ施工指針［2012年版］，p.109，2012年6月

9　打込み・締固め作業の実務

9.1　コンクリートの受入れ・荷卸し

9.1.1　納入伝票の確認

元請職員（工事管理者）は，トラックアジテータ（アジテータ車）の運転手から受け取る納入伝票によって運搬されてきたコンクリートに関する種々の情報を確認する。コンクリート打込み・締固め工も，これらの内容について熟知しておく必要がある。

納入伝票の例を図 9.1 に示す。納入伝票には，運ばれてきたコンクリートに関する情報が記載されている。確認項目とそのポイントを以下に列挙する。

(1)　納入先・現場名

自分が所属する現場のものであることを確認する。

(2)　コンクリートの呼び方

コンクリートの種別，呼び強度，スランプ（フロー），粗骨材最大寸法，セメントの種類などが注文したものであることを確認する。

(3)　コンクリートの配合表

注文した呼び方に該当する配合（調合）であることを確認する。水，セメント，細骨材，粗骨材，混和材，混和剤の単位量，水セメント比，細骨材率，スラッジ固形分率などの情報を確認する。

(4)　出発時刻（発）

生コン工場で練混ぜを開始した時刻である。

(5)　納入時刻（着）

アジテータ車が荷卸し地点に到着した時刻である。出荷時刻と到着時刻の差が,「場外の運搬時間」に該当する。運搬時間が 1.5 時間[注1]を超えている場合には，受入れを中止する。また，通常よりも運搬時間が長

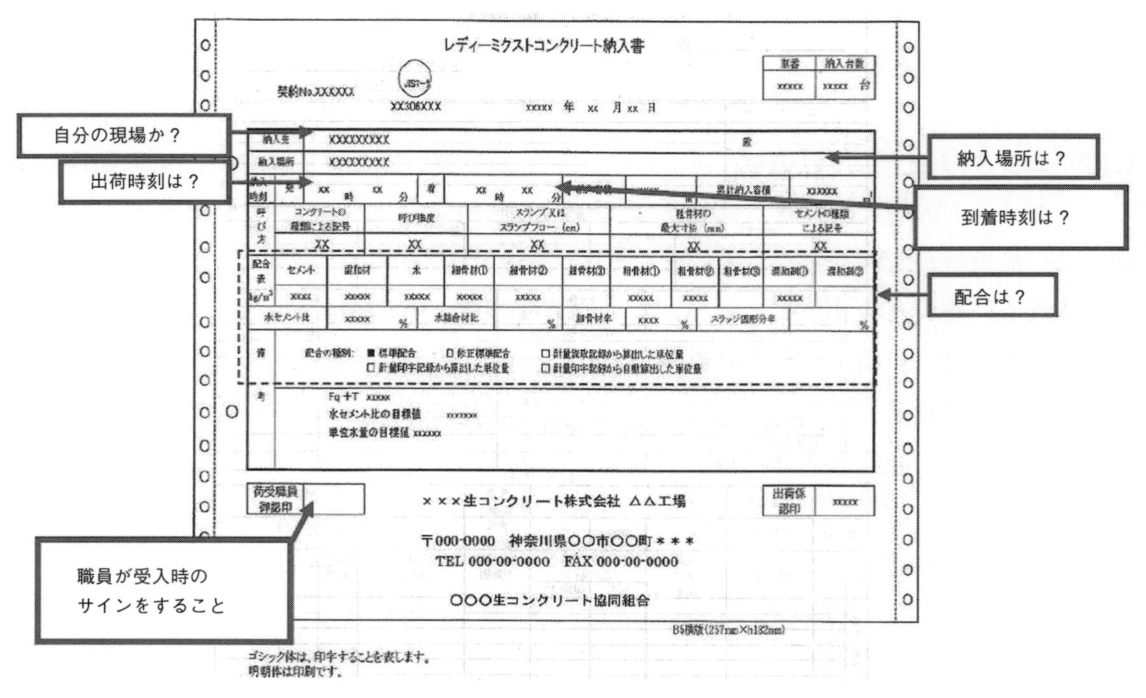
レディーミクストコンクリート納入書

契約No.XXXXXX　JIS
XX306XXX　XXXXX 年 xx 月 xx 日

車番	納入台数
XXXXX	XXXXX 台

納入先　XXXXXXXXX　殿
納入場所　XXXXXXXXX
納入時刻　発 XX 時 XX 分　着 XX 時 XX 分　累計納入容積 XXXXX m³

呼び方	コンクリートの種類による記号	呼び強度	スランプ又はスランプフロー（cm）	粗骨材の最大寸法（mm）	セメントの種類による記号
	XX	XX	XX	XX	XX

配合表 kg/m³	セメント	混和材	水	細骨材①	細骨材②	細骨材③	粗骨材①	粗骨材②	粗骨材③	混和剤①	混和剤②
	XXXX	XXXXX	XXXXX	XXXXX	XXXXX		XXXXX	XXXXX		XXXXX	

水セメント比 XXXXX %　水結合材比 %　細骨材率 XXXX %　スラッジ固形分率 %

備考　配合の種別：■ 標準配合　□ 修正標準配合　□ 計量読取記録から算出した単位量　□ 計量印字記録から算出した単位量　□ 計量印字記録から自動算出した単位量

Fq +T xxxx
水セメント比の目標値 xxxxxx
単位水量の目標値 xxxxxx

荷受職員認印　　出荷係認印 XXXXX

×××生コンクリート株式会社 △△工場
〒000-0000　神奈川県〇〇市〇〇町＊＊＊
TEL 000-00-0000　FAX 000-00-0000
〇〇〇生コンクリート協同組合

B5横版(257mm×h182mm)

ゴシック体は，印字することを表します。
明朝体は印刷です。

図 9.1　納入伝票の例

くなっている場合には，生コン工場の製造トラブルや交通渋滞が予想されるため，工事管理者は，その原因を確認するとともに，対処を考える。

(6)　車番，納入台数

アジテータ車の車番，納入台数（何台目か）を確認する。

(7)　積載量，累計納入容積

アジテータ車の積載量，同一現場で同一配合の累計納入容積を確認する。打設開始からの時刻と累計納入容積の関係（図 9.2）が，打設計画書と乖離している場合には，打込み方法の変更や納入速度の修正を行う。

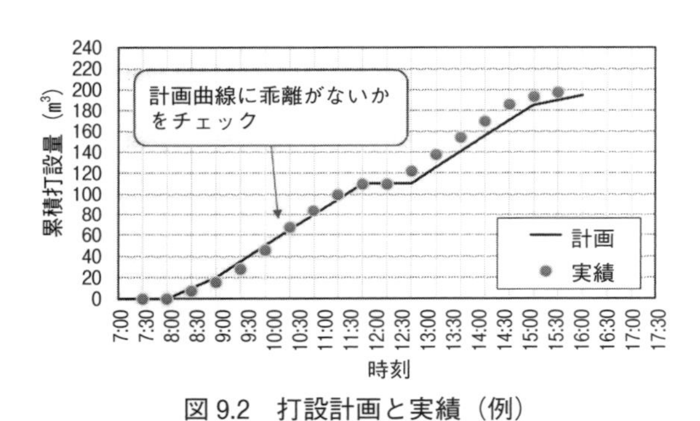

図 9.2　打設計画と実績（例）

9.1.2　コンクリートの性状確認

コンクリートの受入れ検査（性状確認試験）は，品質管理計画や打設計画に準じて実施される。受入れ検査は，本来，コンクリートの購入者（元請）が実施するものであるが，試験代行業者や生コン工場の試験係がこれを代行することが多い。

コンクリート打込み・締固め工は，運ばれてきたコンクリートの性状を受入れ検査時にしっかりと確認しておく。その日に取り扱うコンクリートの性状を認識することで，当日の作業をイメージすることができ，心構えができる。なお，コンクリートの性状は，時間の経過やポンプによる圧送などの場内運搬によって刻々と変化する。打込み位置のコンクリートの性状が受入れ時と大きく変化している場合には，その旨を工事管理者に報告し，対処を依頼する。

9.1.3　アジテータ車の誘導

現場に到着したアジテータ車は，誘導員が荷卸し位置まで誘導する。ただし，誘導員が配置されない場合には，先着したアジテータ車の運転手またはコンクリート打込み・締固め工が誘導することになるため，誘導作業の実施者について工事管理者に事前に確認しておく。誘導の際には，つねに周囲の安全を確認し，アジテータ車の運転手が視認できる位置に立ち，笛や動作による合図で荷卸し位置まで誘導する（写真 9.1）。

ポンプ施工の場合には，「1 台付」か「2 台付」かを，事前に確認しておき，荷卸し位置となるアジテータ車のタイヤ位置に，端太角や桟木をセットしておくのがよい（写真 9.2）。

9.1.4　荷卸し

アジテータ車の運転手と連絡を取り合い，打込み・締固めの速度に合わせてコン

注 1　JIS A 5308 では，運搬時間は「練混ぜを開始してから荷卸し地点に到着するまでの時間」とされており，「その時間は 1.5 時間以内」とされている（3 章）。出荷から 1.5 時間を超えたコンクリートは，施工性が著しく低下している場合があり，これを受け入れると，ポンプの閉塞，未充填，豆板などの不具合を発生する原因となるので，受入れの際の大切なチェック項目の一つとなる。

クリートを排出する。

直取りの場合には，アジテータ車のシュートを利用してそのまま打込みを行う(写真 9.3)。一輪車に受けて運ぶ場合も，シュートを利用してコンクリートを排出する。シュートの角度が大きく(垂直に近い)，排出の速度が速い場合には，コンクリートが流れ落ちる際に分離しやすくなり，また，落下地点でも分離しやすくなるので，ゆっくりと排出することを心がける。

バケットに排出する場合（写真 9.4）も同様であり，これに加えて，バケットに残水や残渣が残っていないこと，バケットのコンクリート排出口が閉じられていること，運搬時に漏れが生じないことを確認したうえで，コンクリートを卸す。なお，バケットをクレーンで運搬する場合の玉掛けや揚重の合図は，有資格者（技能講習および特別教育を修了した者）に限られる。この作業は，必ず工事管理者から任命された有資格者が行うようにする。

コンクリートポンプに荷卸しを行う場合は，圧送技能者とアジテータ車の運転手が連携して行う。

9.2 圧 送

コンクリートポンプを用いた場内運搬においては，コンクリート打込み・締固め工は，圧送技能者と連携を取りながら圧送作業を行う。

写真 9.1 誘導状況の例（2台付け）

写真 9.2 マーキングの例

写真 9.3 直取りの状況

写真 9.4 バケットへの荷卸しの状況

9.2.1 先送り材の処理

コンクリートポンプを用いた場内運搬では，コンクリートの圧送に先立ち，先送り材（モルタルなど）を圧送する。

筒先から排出される先送り材は，型枠内に打ち込まず，現場場内で処分することが原則であり，排出される先送り材をトン袋などの容器に受ける。容器はしっかりと固定し，圧送技能者と連絡を取り合い，筒先から排出される先送り材がコンクリートに完全に変わるまでゆっくりと圧送・排出する。

筒先の正面に立つことは危険であるため，排出する容器の脇に立ち，工事管理者や圧送技能者の指示に従い，安全に処理する。なお，コンクリートポンプ車のブームを用いた圧送では，先送り材として使用したモルタルをアジテータ車に返す場合もある注2。

9.2.2 圧送作業の補助

コンクリート打込み・締固め工は，圧送作業の補助を行うことがある。おもには，ホースや輸送管の取り回しの補助作業である。圧送技能者の指示や合図に従って，足場の状況，筒先の位置を確認しながら，息を合わせて作業を行う。

9.3 打込み

コンクリートは，決められた位置から，材料分離が生じないように連続的に打ち込む。打込みに際しては，コンクリート打込み・締固め工は，工事管理者や他の作業者と連携を取りながら作業を進めなければならない。ここでは，コンクリートポンプを用いた打込みにおける留意点を記述する。

① 連続的に打ち込む

圧送技能者と連携しながら，現場に到着したコンクリートを連続的に打ち込む。

② 分離しないように打ち込む

コンクリートをできるだけ均質な状態で分離しないように打ち込む。

コンクリートを高所から自由落下させると，型枠や鉄筋に衝突したり，粗骨材とモルタルとが密度差によって分離したりする。このため，縦シュートや輸送管の吐出口を打込み面の近くまで下げるなどして，

写真 9.5 鉄筋の間からのホースの挿入

注2 元請会社は，生コン工場やアジテータ車を保有する運送会社と適切な契約を結んでおく。

写真 9.6 ビニールホースを活用した自由落下高さの抑制

自由落下高さをできるだけ小さくし，そのうえで型枠や鉄筋に衝突させないように打ち込む。(写真 9.5，写真 9.6)

一般に，吐出口から打込み面までの自由落下高さの上限は，1.5m が目安とされている。上端鉄筋のあきが小さく，先端ホースが挿入できない場合には，あらかじめ鉄筋をずらして開口を作り（写真 9.7），打込み・締固め後に所定の位置に鉄筋を戻すといった作業を行うこともある。また，機械式継手を活用して打込み位置を確保することも有効である。なお，鉄筋は，構造上必要な数量，配置が設計で定められており，むやみに移動させたり，切断したりしてはならない。工事管理者と相談したうえで開口を設ける。

③　締固めに合わせたペースで打ち込む

十分に締固めができるように圧送技能者と連携して，打込みの速さを調整する。

柱や高い壁にコンクリートを一回で連続して打ち上げると，締固めが不足し充填不良が生じる場合がある。また，巻き込んだ気泡やブリーディング水の排出も不十分になって，沈みひび割れも生じやすい。さらには，型枠に作用する圧力が増加し，型枠が変形するおそれもあるため，型枠に作用する側圧を考慮して計画された打上がり速度に合致させる。

写真 9.7　鉄筋をずらして設けた開口

④　低い方から高い方に向かって打込み面が水平になるように打ち込む

打込み面が低い方から高い方へできるだけ水平になるように打ち込むことで，コンクリートの横移動が抑えられ，均質，かつ効率よく締め固めることができる。

コンクリートを打ち込んだ箇所は「山」に，打込み箇所と打込み箇所の間は「谷」になる。この打込み面の勾配は，コンクリートのスランプが小さい場合や鉄筋が密に配置されている場合，埋設物が多い場合に大きくなる。打込み面を水平にするために，「山」になった箇所に内部振動機を挿入し，「山」を崩して「谷」がなくなるように締め固める。

⑤　コンクリートができるだけ横移動しないように打ち込む

打込み箇所を少なくすると1か所当たりの打込み量が増えて打込みの効率は高まる。その一方で，コンクリートが横移動して材料分離が生じたり，締固めが粗雑になったりする。このため，打込み箇所の間隔は，部材の種類や配筋条件，使用するコンクリートの流動性，締固め作業高さなどを勘案し，コンクリートの均質性と締固め作業性のバランスにも配慮しながら適切に定める（表 9.1）。

決められた打込み箇所の間隔を確実に守るためには，事前に，先端ホースの挿入位置を明示したり（写真 9.8），受けホッパを設置したりするとよい（写真 9.9）。コ

表 9.1　打込みの間隔の目安[1)]

部材の種類	施工条件（打込みの制約，スランプなど）	打込みの間隔
スラブ	任意の箇所から打ち込める場合	連続的
	部材厚さが大きく，かつ打込み箇所が限定される場合	3 m以内
壁，梁	スランプ 12cm 以下	4 m以内
	スランプ 18cm	6 m以内
柱	任意の箇所から打ち込める場合	連続的*

＊　部材が大きく，かつ打込み箇所が限定される場合は，壁や梁の場合に準ずる。

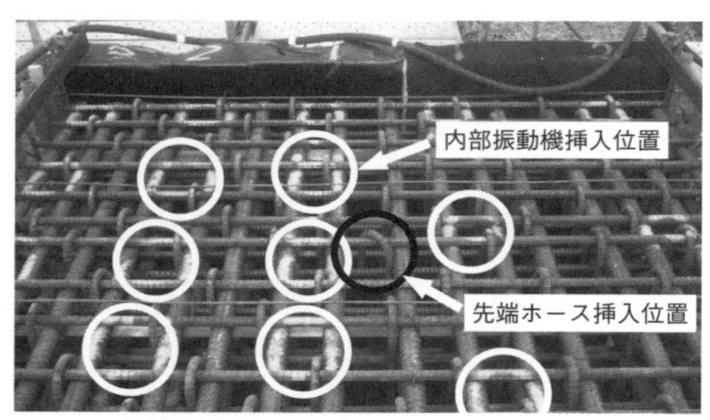

写真 9.8　先端ホース挿入位置の明示例

写真 9.9　受けホッパの設置例

写真 9.10　打込みの 1 層の高さの明示例

ンクリートの横流れが少ない均質な打込みが可能となる。

⑥　**打込みの 1 層の高さを適切に定める**

打込みの 1 層の高さを小さくすると，打込み時に巻き込んだ気泡の排出が容易となり，型枠に作用するコンクリートの圧力も小さくなる。その一方で，打ち重ねる層の数が増えるため，打込みの効率は低下する。

平面的に広いスラブの場合は，コンクリートが自重で行き渡る範囲で薄層に打ち込む。壁や梁，柱の場合，打ち込んだコンクリートの流動範囲が限定されるため，打込み量が同じでもスラブよりも 1 層の高さは大きくなる。特に，厚さが薄い壁や断面が小さい柱の場合は，打込み量に対する打込みの 1 層の高さの割合が大きくなる。

打込みの 1 層の高さを一律に制限すると，打重ねの回数が多くなって打込みの連続性が損なわれることもある。このため，壁や梁，柱の場合は，打込みや締固め状況を目視で確認し，均質，かつ密実に充填できることを前提に，1 層の打込みの高さをスラブの場合より大きく設定する（表 9.2）。打込み高さを明確にするためには，鉄筋や鉄筋架台などに事前にマーキングしたり，定規をつくったりしておくとよい(写真 9.10)。

なお，下段と上段に鉄筋が配置されたスラブや梁せいの大きい梁部材などでは，最初の 1 層目と最終層の高さを小さくし，鉄筋の少ない中間層の高さを大きくするな

表 9.2　打込みの 1 層の高さの目安[1)]

部材の種類	施工条件（打込みの制約，スランプなど）	打込みの 1 層の高さ
スラブ	―	40 〜 50cm 以下
壁，梁	一般の場合	40 〜 100cm
	部材厚 50cm 以下，かつスランプ 18cm 以上	100 〜 150cm
柱	―	40 〜 150cm

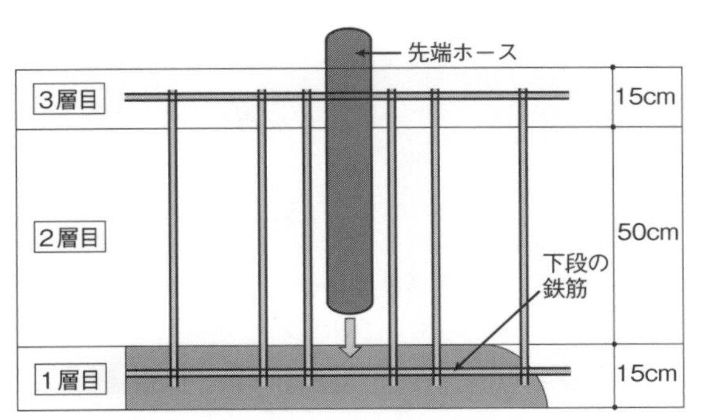

図 9.3　打込みの 1 層の高さの例

写真 9.11　打重ね時間の管理例

写真 9.12　レベルポインターの設置例

ど，施工条件（視認性，バイブレータの抜き挿しの容易さ），構造条件（鉄筋量）に合わせて 1 層の高さを定める（図 9.3）。

⑦　打重ね時間間隔を管理してコールドジョイントを防ぐ

下層のコンクリートを打ち込んだ後，凝結が進んで固まり始めている時期に上層のコンクリートを打ち込むと，層間の一体性が損なわれ，コールドジョイントが生じる（11 章参照）。これを防ぐために，先に打ち込まれたコンクリートの締固めが可能な時間の限度内[注3]にコンクリートを打ち重ねる。打重ね時間間隔を遵守する手法としては，生コンクリートのデリバリー管理を徹底するとともに，各層を打ち込み終えた時間をボードに記入し，これを従事者全員が共有する手法などがある（写真 9.11）。

⑧　計画した打止め高さに合わせる

その日の打止め高さに合うように，コンクリートを打ち込む。あらかじめ型枠や鉄筋につけた印や，設置されたレベルポインター（写真 9.12）を目安に高さを合わせたり，レーザーレベルやティルティングレベルで測定したりしながら，目標とする高さに合わせて打ち込む。締固めや仕上げ（均

注 3　一般に，打重ね時間間隔の限度は，外気温が 25℃以下のとき 2.5 時間，25℃を超えるとき 2.0 時間が目安とされている。また，使用する AE 減水剤などを遅延形に変更するなど，打重ね時間間隔の延長に配慮されたコンクリートでは，打重ね時間間隔の限度を 1 〜 2 時間程度長くすることができる。

し・押さえ）と連携しながら，打止め高さを合わせていく。

9.4　コンクリートの締固め

コンクリートの締固めは，振動や突きなどを与え，コンクリートを型枠の隅々まで行き渡らせるとともに，空隙を減らして密実にする行為である。ここでは，コンクリートの締固めにおける留意点を記述する。

①　目視で確認しながら締め固める

コンクリートが十分に締め固められている判断基準は，コンクリートとせき板との接触面にセメントペーストの線が現われることである。また，容積が減っていくのが認められなくなり，表面に光沢が現われて全体が均一に溶けあったようにみえることからもわかる。

締固め作業は，目視で確認しながら行うのが基本であり，締固め作業高さをできるだけ小さくすることで，視認性が高まり，内部振動機の挿入，引抜きが容易となり，確実に効率よく締め固めることができる。

②　施工条件に応じて機器を使い分ける

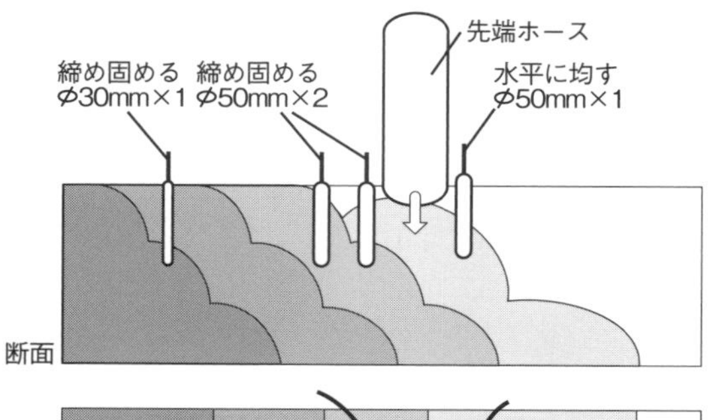

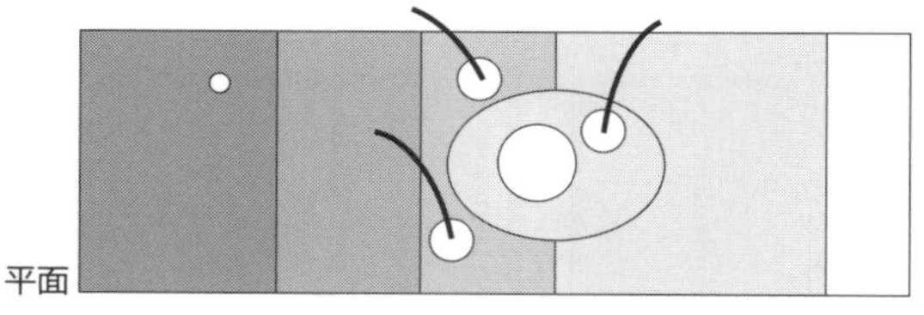

図 9.4　内部振動機の配置例（梁部材）

コンクリートの締固めには，振動機，突き棒，木槌などを用いる。これらは，部材の形状や断面の大きさ，配筋状況に応じて使い分ける。

一般に，締固めには内部振動機を用いるのが基本である。1か所当たりの打込みに対して，以下のように内部振動機を割り当てるのがよい（図 9.4）。

・水平に均す；φ 50mm × 1 台

・締め固める；φ 50mm × 2 台

このほかに，後追いで締め固める場合にはφ 40mm × 1 台，かぶり部分のコンクリートを直に締め固める場合には，φ

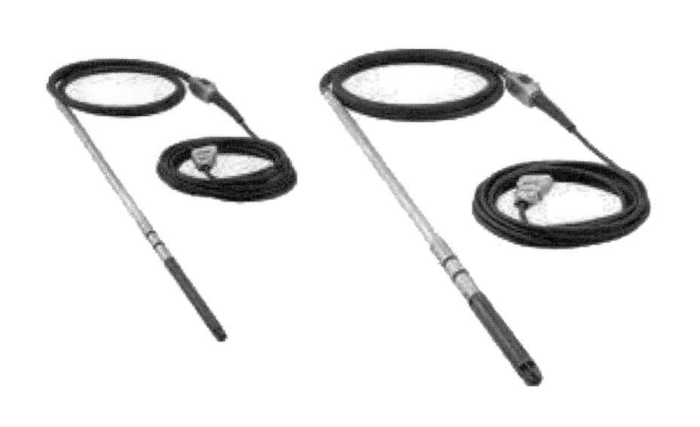

写真 9.13　長尺棒状内部振動機の例

写真 9.14　長尺棒状内部振動機の活用

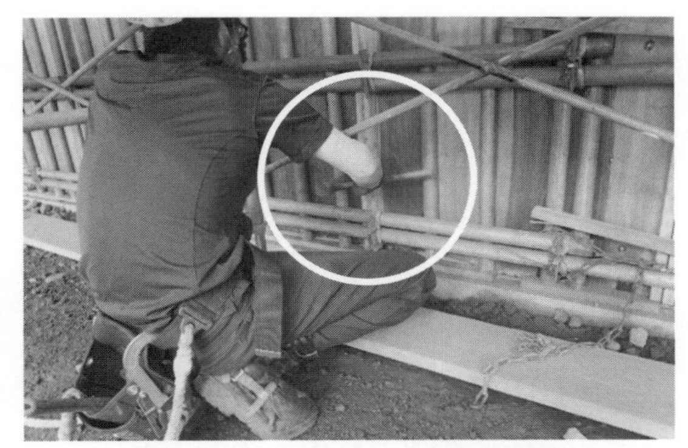

写真 9.15　木づちによる型枠際の締固め

30mm × 1 台を準備する[注4]。

鋼材が高密度に配置され，内部振動機の振動体（起振部）の保持が難しい場合や，やむを得ず斜めに挿入せざるを得ない場合には，長尺で棒状の内部振動機を使用するのがよい（写真 9.13,9.14）。

壁，柱などの鉛直部材で表層部を補助的に締め固めるには，型枠振動機や突き棒，木づちなどを用いる（写真 9.15）。

③　内部振動機は鉛直に挿入し，ゆっくりと引き抜く

内部振動機は，一様に締め固められるように，鉛直に差し込んで，ゆっくり引き抜く[注5]。この際，内部振動機の振動部を鉄筋や埋込み金物，型枠などに接触させないように注意する。また，鉄筋が高密度に配置された状況では，振動体（起振部）が鉄筋に引っかかって抜けなくなることがあるため，内部振動機はつねにゆっくりと上下させるのがよい。振動機を引き抜く際には，振動機が入っていた孔にコンクリートが満たされるようにゆっくりと引き抜く（写真 9.16）。

④　層間のコンクリートをなじませる（打重ね部）

2 層以上に分けて打ち込む場合は，下層のコンクリートは打ち込んでから時間が経過しており，上層のコンクリートよりも振動に対する変形性が小さくなる。このため，上層のコンクリートを打ち込む前に，いったん下層のコンクリートに内部振動機を挿入し，下層のコンクリートのこわばりをなくしてから上層のコンクリートを打ち重ねると層間部分の一体性と均一性を高めることができる。上層コンクリートの締固めに際しては，内部振動機を下層コンクリートに 10cm 程度挿入して締め固める（図 9.5）。

注 4　内部振動機は振動体の径が小さいものほど振動エネルギーが小さく，振動の伝播範囲も小さい。内部振動機の挿入間隔は ϕ 40 ～ 50mm の場合は 40 ～ 50cm 程度，ϕ 30mm の場合は 30cm 程度が目安となる。

注 5　一般に，振動体の呼び径（公称棒径）が 40 ～ 50mm 程度の内部振動機が用いられ，1 回当たりの振動時間は 5 ～ 15 秒が目安とされている。

所定の深さまで垂直に挿入

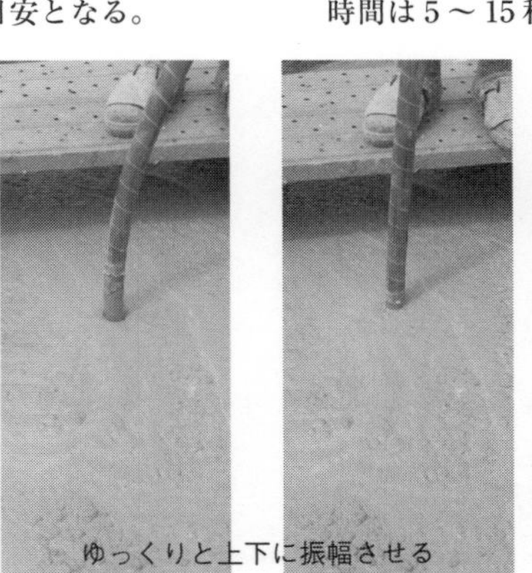

ゆっくりと上下に振幅させる

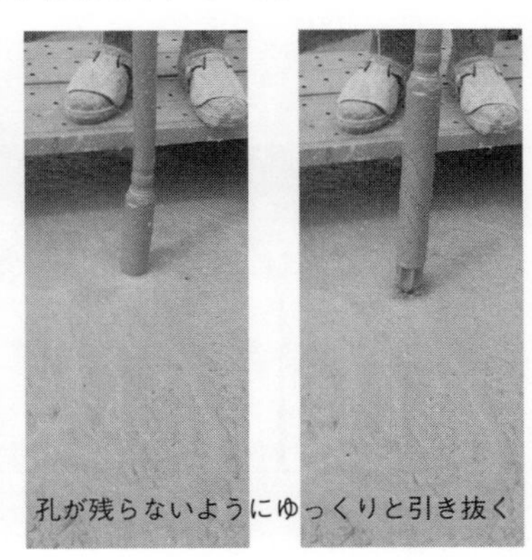

孔が残らないようにゆっくりと引き抜く

写真 9.16　内部振動機の使い方

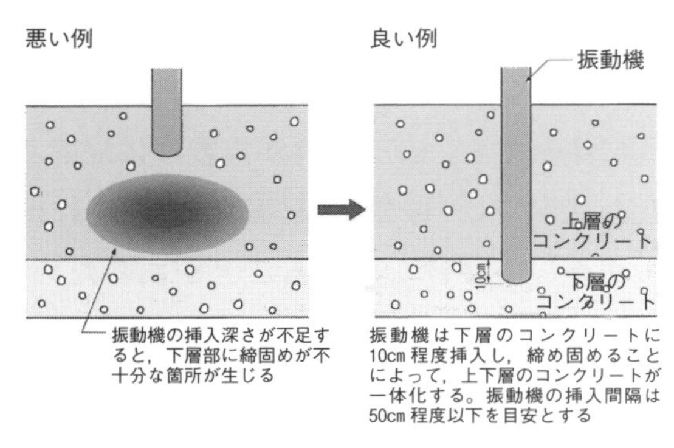

図 9.5　内部振動機の下層への挿入 [2)]

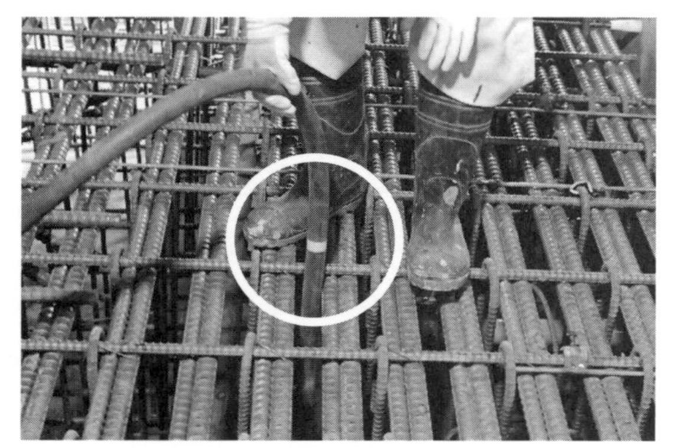

写真 9.17　内部振動機の挿入深さの管理

フレキシブルホースの部分にビニールテープなどで目印をつけておくことで，挿入深さを管理することができる（写真 9.17）。

⑤　ブリーディング水を適切に処理する

打込み・締固め作業の進捗に伴い，コンクリートからブリーディング水が発生する。ブリーディング水の処理方法を事前に決め，バキューム，スポンジ，バケツなどを準備しておく。

発生したブリーディング水は，砂すじや表面気泡の原因にもなるので，型枠ぎわに寄せないで計画的に集水し，バキュームやスポンジを用いて入念に取り除く。

⑥　層ごとに締固めの留意点を変える

コンクリートを層状に打ち込む場合，各層ごとに施工条件（締固め作業高さ，視認性など），構造条件（配筋など）が異なる。当然ながら，各層の締固めの留意点も異なる（図 9.6）。

＜1層目＞

・下端の鉄筋の下側にコンクリートが行き渡っていることを目視で確認する。
・スペーサの移動や破損がないことを目視で確認する。

＜2層目以降＞

・打ち重ねる前に，先に打ち込んだコンクリートに内部振動機を挿入し，層間のコンクリートをなじみやすくする。
・打ち重ねる際は，下層に内部振動機を10cm 程度挿入する。
・コンクリートが合流する部分は特に入念に締め固める。

＜最終層（仕上げ面を含む）＞

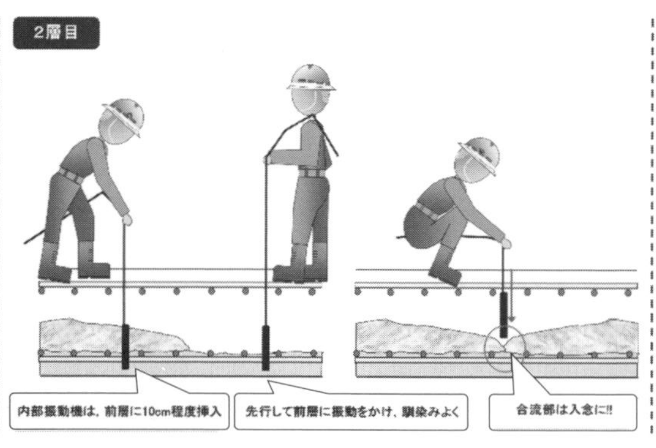

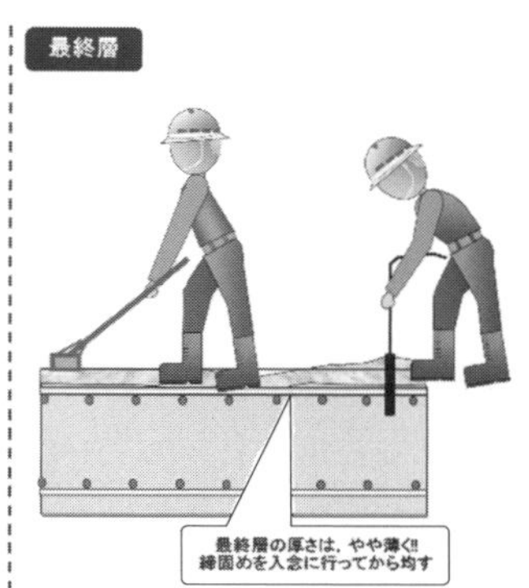

図 9.6　各層での留意点

・最終層は，締固めがおろそかになりやすい。均しを行う土間工と連携しながら内部振動機を用いて入念に締め固める。
・レーキなどで表面を均す（土間工）。
・ブリーディングが収まってから，押さえを行う（土間工）。

⑦ 鉄筋，型枠を清掃しながら締め固める

打込み箇所の周辺の鉄筋や型枠にコンクリートが接触するとモルタル分が付着する。付着したモルタルが乾燥した状態で新たにコンクリートを打ち込むと，鉄筋とコンクリートの付着力の低下や表面（型枠面）からのモルタル片の剥離の原因となる。これらの不具合の発生を防止するためには，打込み箇所の周辺にシートなどを敷設して，鉄筋や型枠が汚れないようにしておくのが効果的である（写真 9.18）。

型枠や鉄筋に付着したモルタルは，新たなコンクリートを打ち込む前に清掃して取り除く（写真 9.19，写真 9.20）。

9.5 部位ごとの留意点

9.5.1 スラブ

スラブは平面的に広い面積を有する部材である。スラブの打込みでは，特に，外気に接する表面からの水分の逸散やコールドジョイントの発生に注意する。

打重ね時間間隔を遵守してコールドジョイントを防止し，速やかな初期養生を行ってプラスティック収縮ひび割れを抑制する。

9.5.2 柱

柱は，長い鉛直部材で，外周に集中して鉄筋が配置される。そのため，かぶり部分や鉄筋の近傍にもコンクリートを均質，かつ密実に充填できるよう配慮する。

柱にコンクリートを打ち込む際，高所から自由落下させると，型枠や鉄筋にコンクリートが衝突し，粗骨材とモルタルに分離する。このため，柱の水平断面の中央部に縦シュートや先端ホースの吐出口を挿入し，自由落下高さをできるだけ小さくする

写真 9.18　シートによる汚れ防止対策例

写真 9.19　打込み中の鉄筋の清掃

写真 9.20　打込み中の型枠の清掃

とともに，打上がり高さに応じてこれらを引き上げることで，材料分離を抑制する（写真 9.21）。

また，コンクリートを確実に締め固めるために，打込みの１層の高さと打上がり速度を調整する。建築物の柱で断面寸法が１m程度の場合，打込みの１層の高さは 1.2 ～ 1.5 m程度以下とする。ただし，１層目を打ち込む際には，脚元の 50cm 程度でいったん打ち止め，十分に締め固めてから引き続き所定の高さまで打ち上げる。打上がり速度は，30 分当たり１～ 1.5 mを上限の目安として管理する。

9.5.3 梁

梁は，水平方向に細長い部材で，スラブにくらべて平面的な広がりが少ないので，俵状に打ち込むことが可能である。俵状に打ち込むことで外気に接するコンクリートの表面積を低減できる（図 9.7(a)；俵打ち）。この図において，ブロック④の箇所を打ち込む場合は，ブロック①との打重ね面が許容時間内で打ち重ねるように管理する。複数の梁を同時に打ち込む場合は段取り替えに要する時間も十分に考慮し，１回の打込みの範囲を決める。

写真 9.21　柱の打込み状況

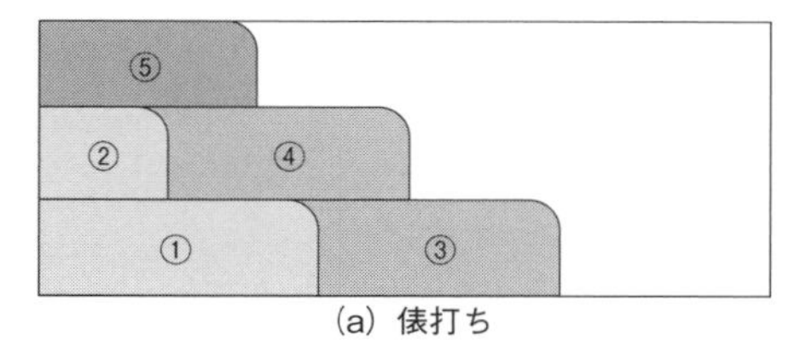

(a) 俵打ち

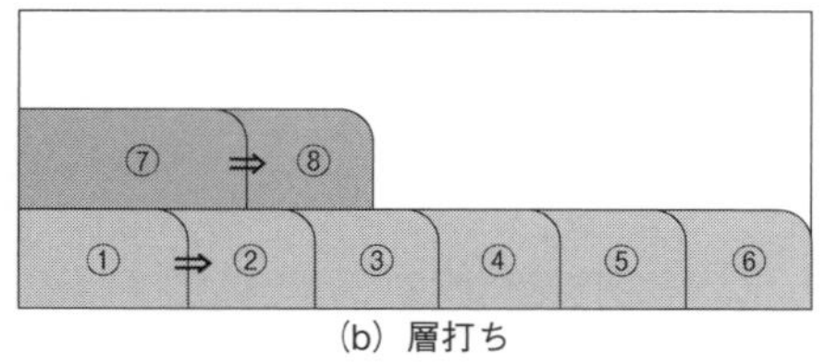

(b) 層打ち

図 9.7　梁の打込み方法

一方，断面の幅が大きい梁や梁とスラブを連続して打ち込む場合は層状に打ち込む（図 9.7(b)；層打ち）。層打ちの場合，俵打ちの場合より外気に接する面積が増え，また，延長の長い梁ではホースの移動にも時間を要し，打重ね時間間隔が長くなる。この図において，ブロック⑦を打ち込む場合は，ブロック①との打重ね面が許容時間内で打ち重ねられるよう，打込みの速さおよび打込みの１層の高さを調整する。

9.5.4 壁

壁は，厚さにくらべて高さや延長が大きく，せき板に接するコンクリートの表面積が大きい部材である。一般に，壁の施工は，打込み箇所の幅が狭く，締固め作業高さが大きくなるので，豆板やコールドジョイントなどの発生に注意する必要がある。

鉄筋のあきが小さく，先端ホースが型枠の内部に入らない場合，あらかじめ型枠に打込み孔を設けて先端ホースを打込み面の近くまで挿入したり（写真 9.22），ホッパとビニールホースなどの縦シュートを組み合わせたりして（写真 9.6），自由落下高さを小さくして打ち込み，豆板を防止する。

層間のコンクリートを確実に一体化させるために，内部振動機を下層に10cm程度挿入する。壁の締固めでは，目視確認が行いにくいため，内部振動機の延長ホースにテープなどで目印をつけて挿入深さを管理し，コールドジョイントを防止する（写真9.17）。

開口部のある壁では，開口部の下側に充填不良が生じやすい。片側からコンクリートを連続して打ち込み，反対側から噴出させ，開口部下側にコンクリートを確実に行き渡らせる（図9.8）。なお，開口長が長い場合には，コンクリートの横移動距離が長くなるので，開口部に空気抜き孔を設け，両側からコンクリートを打ち込んで開口部からのモルタル分の噴出を確認するとよい（図9.9）。

写真9.22　先端ホースが入らない場合の対処

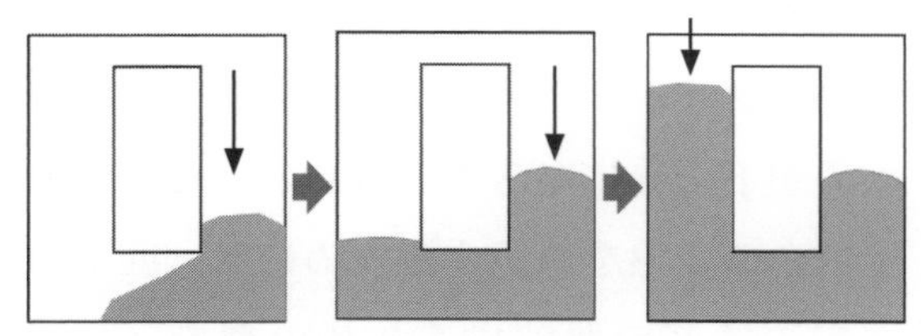

図9.8　開口部の打込み手順

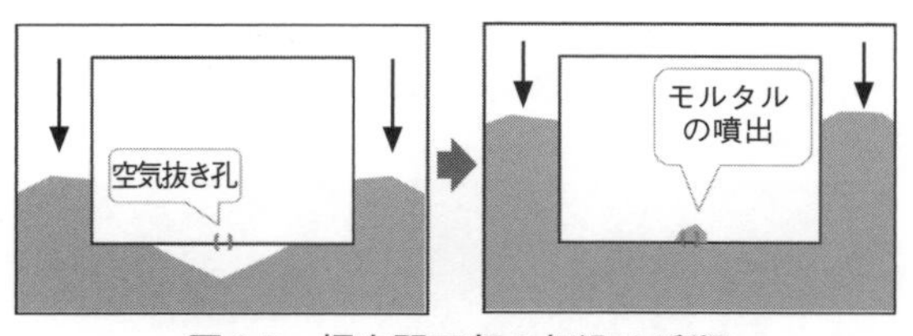

図9.9　幅広開口部の打込み手順

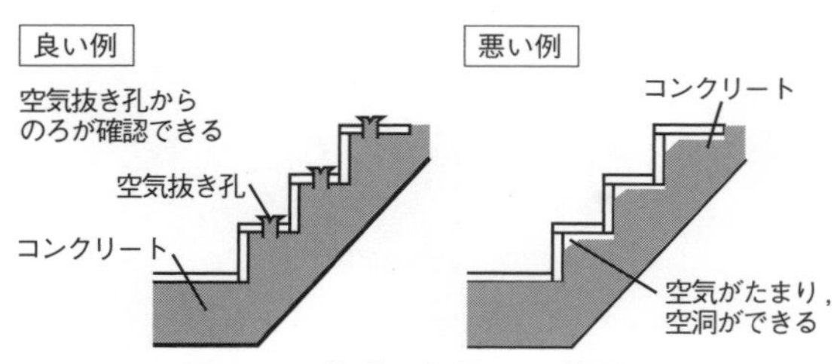

図9.10　階段の打込み・締固め

9.5.5　階　段

階段は，踏み面の下部分に空洞・未充填部ができやすい。蓋となる型枠に空気抜き孔を設け，そこからモルタル分が噴出するまでコンクリートを締め固める（図9.10）。

9.5.6　中空床版

中空床版は，部材内部に円筒型枠（鋼管）が配置されるため，その下側へコンクリートを確実に充填できるように打込み・締固めの方法を工夫する。

円筒型枠の下部は100～150mm程度，円筒型枠間のあきは350mm程度と狭く，鉄筋に加えてPCシースが配置されることもある。打込み前に内部振動機が円筒型枠下側のどこまで挿入できるか，上側の鉄筋

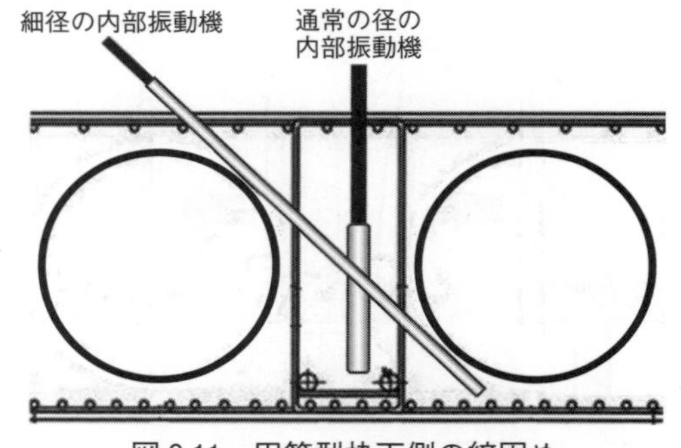

図9.11　円筒型枠下側の締固め

などが締固め作業の支障にならないかなどを確認し，締固めの方法および手順を定める。一般に，内部振動機は長尺で，狭い間隙に挿入できるものを使用するが，円筒型枠の下側は，同時に複数の内部振動機を使用し，内部振動機の挿入間隔を密にし，1か所の締固めに十分に時間をかける（図9.11，写真9.14）。円筒型枠の真下付近や下側鉄筋のかぶり部の充填性を確保するため，必要に応じてたたきや外部振動機による締固めを行う。

9.5.7　鉄骨鉄筋コンクリート梁

鉄骨鉄筋コンクリート構造（SRC構造）の梁は，下フランジの下側にコンクリートが回り込む状況を目視で確認することが困難である。このため，ウェブの片側からコンクリートを連続して打ち込み，反対側から噴出させ，下フランジの下側にコンクリートを確実に行き渡らせる（図9.12）。そのうえで，反対側にコンクリートを打ち込んで，入念に締固め，一体化させる。

なお，上フランジのウェブ接続部に空気抜き孔をあけることで，上フランジ下側の充填性を高めることができる。ただし，空気抜き孔の削孔は，設計者の確認が必要である。

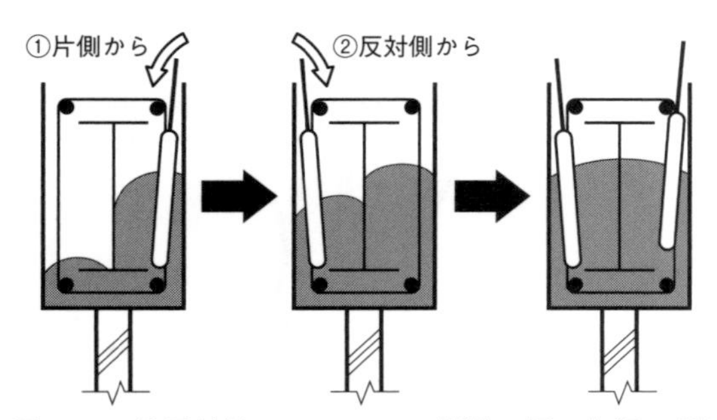

図9.12　鉄骨鉄筋コンクリート構造の梁の打込み例

9.5.8　連続した複数部材

(1)　底版と壁

ボックスカルバートやL型擁壁では，底版と壁を連続して打ち込む場合がある。底版と壁の接合部は，底版の水平方向の鉄筋と壁の延長方向の鉄筋が錯綜し，さらにハンチを設ける場合にはハンチ筋（配力筋）も配置されるなど，高密度な配筋となる。この部材にコンクリートを連続的に打ち込み，締め固める場合には，壁の立上がり付近の底版上面に型枠を蓋状に設ける（押さえ型枠）ことで，締固めに伴うコンクリートの噴上がりを抑制できる。この押さえ型枠のコンクリートに接する面は気泡が溜まりやすいので，壁側から底版側に一方向にコンクリートを打ち込む。一方，軟練りのコンクリートを壁側から打ち込んで締め固めると，コンクリートが壁から底版側に流出しやすい。また，打ち重ねる際に，下層のコンクリートが流出するのをおそれて締固めが不十分になることもある。これらの不具合の発生を防止するためには，底版の壁際の鉄筋の間隙にくし状の型枠（写真9.23）を設置し，コンクリートの横移動を抑える方法が効果的である（写真9.24）。

写真9.23　くし状の型枠の例

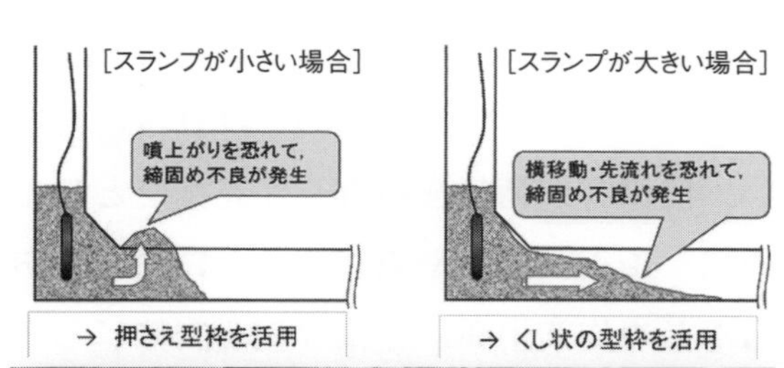

写真 9.24　押さえ型枠とくし状の型枠の併用例

(2)　壁と上床版

ボックスカルバートや階層建物は，壁と上床版（中床版）のコンクリートを同時に打ち込む場合がある。これら部材では，壁部と床版部に生じるコンクリートの沈下量の相違によって沈みひび割れが発生しやすい（図 9.13)。これを回避するために，以下のような対策を行う。

上床版の下型枠よりも低い位置（10cm 程度）でいったん打ち止める。ハンチがある場合は，ハンチよりも低い位置（10cm 程度）でいったん打ち止める（図 9.14)。壁のコンクリートは，型枠の変形，ブリーディング水や気泡の排出などによって沈下が生じる。この沈下を先行させ，沈下が落ち着いたことを確認し，上面のブリーディング水を取り除いたうえで，残りの壁部と床版部のコンクリートを打ち込んで，締め固める。なお，この打止め位置には，壁部の沈下を先行させるとともに，打ち込んだコンクリートが上床版側に流出し，床版の下面に打重ね線が残るのを防ぐ目的としても効果がある。

(3)　柱と壁

建築物の柱と壁は，連続して一体で打ち込むのが一般的である。柱と壁は，いずれも部材高さが大きく，柱の出隅や脚元，壁の脚元に豆板が生じやすくなる。

これを防止するため，自由落下高さを小さくしたうえで，柱からコンクリートを打ち込み，そのときに両側の壁にも内部振動

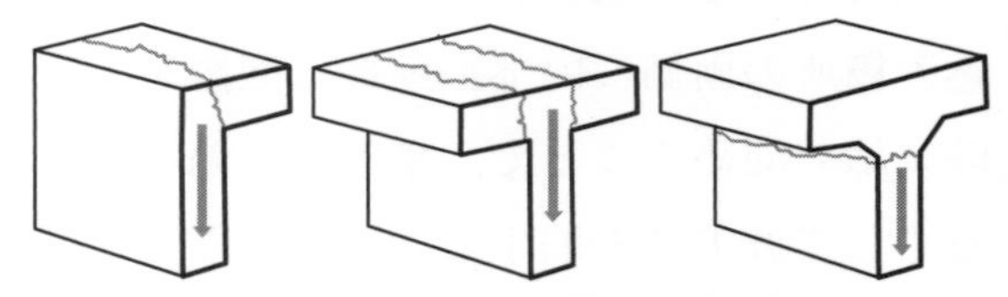

図 9.13　壁と上床版の打込み・締固めで生じる沈みひび割れ

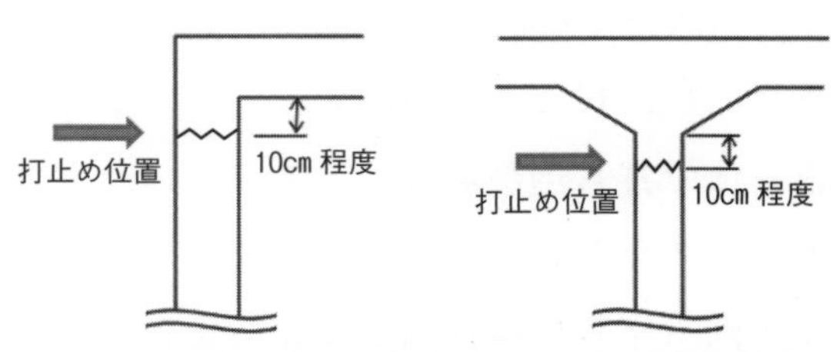

図 9.14　壁と上床版の打込みにおける打止め位置

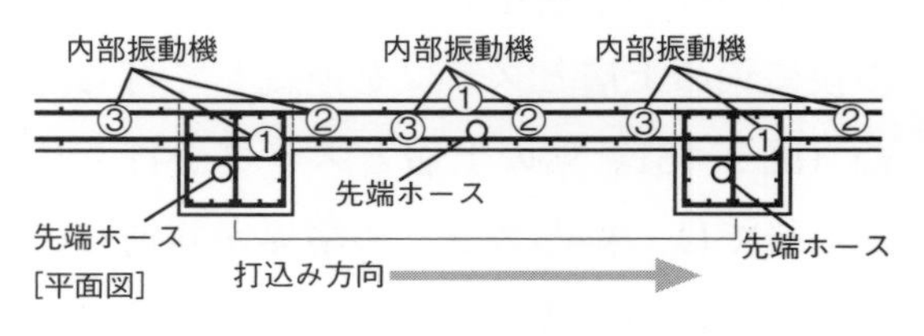

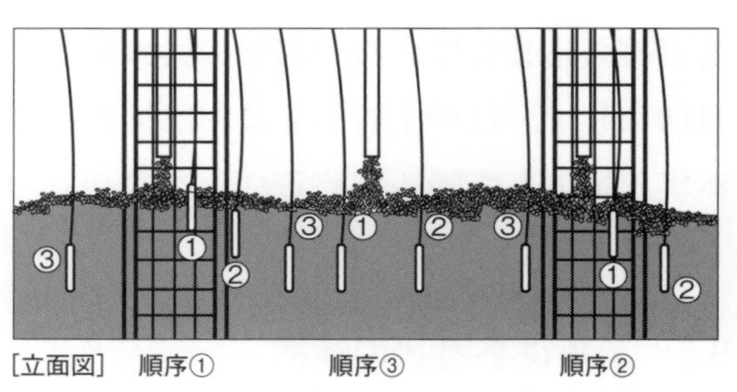

図 9.15　柱と壁を一体打ちする場合の打込み順序と締固め位置

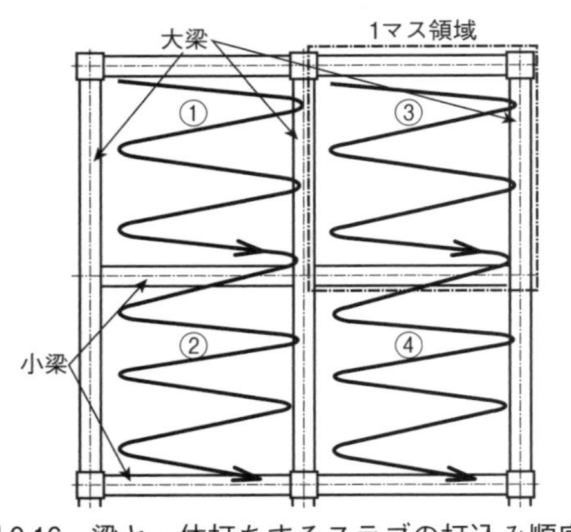

図 9.16　梁と一体打ちするスラブの打込み順序

機を挿入して締め固める。また，壁に筒先を移動し，打込み箇所とその両側で内部振動機を挿入して締め固める（図 9.15）。打込み箇所の両側に内部振動機を配置し，同時に締め固めることで，締固めの偏りを少なくして確実に充填することができる。

(4)　梁とスラブ

打込みは，梁の下層，梁の上層およびスラブの順に行う。面積が大きいスラブと梁を一体で打ち込む場合は，スラブの仕上げのペースを考慮して，平面的に複数の打込み区画（マス）に分割して作業を行う。マスの中の梁の下層を先行して打ち込み，その後に梁の上層とスラブを連続して打ち込む（図 9.16）。梁の上層とスラブを打ち込んだ後では，梁とスラブの境界が判別しにくくなるため，スラブ上の柱鉄筋の位置とまだ打ち込まれていない部分の梁の位置を目印にして，梁の上層部分に内部振動機を確実に挿入して締め固める。

9.6　工事従事者との連携

コンクリート打込み・締固め工は，他の作業者とつねに連携を取りながら，安全に，確実に，円滑に作業を進めなければならない。関係者が情報を共有して連携をとるために，施工検討会や周知会などにおいてあらかじめ作業手順，作業分担を明確にしておく。

9.6.1　工事管理者との連携

コンクリートの打込み・締固め作業は，工事管理者の管理下で行われる。計画段階から作業手順を共有しておき，施工当日も意思疎通を図りながら作業を進める。

9.6.2　圧送技能者との連携

圧送作業と打込み・締固め作業は，連動して行われる。打込み速度と締固め速度が合致するように，互いの作業状況を確認し，意思疎通を図りながら作業を進める。

9.6.3　鉄筋工・設備工との連携

コンクリートの打込み・締固め位置には，鉄筋，鉄骨に代表される補強鋼材や電線管や埋込みアンカーなどの設備資機材が配置される。これらの埋設物の位置がずれないようにコンクリートを充填しなければならない。埋設物の位置や固定状況およびその担当者をあらかじめ確認しておくとともに，固定が不十分な場合や位置がずれた場合には，速やかに連携を取り，対処する。

9.6.4　型枠工との連携

コンクリートの側圧，すなわち型枠にかかる圧力は，コンクリートの打込み・締固め作業において重要な要素である。側圧が大きくなると，型枠の変形（はらみ），ひび割れおよびノロ漏れなどの欠陥につながるだけでなく，型枠自体が崩壊するといった重大トラブルにつながる可能性がある。打込み・締固め作業に際しては，型枠にかかる側圧を十分に理解したうえで，型枠の変形を確認しながら作業を行わなければならない（写真 9.25）。

9.6.5　土間工との連携

コンクリートの打上がり上面が，その部材の仕上がり面になる場合には，打込み・締固め作業と仕上げ作業（均し，押さえ）が連続して行われることになる（写真 9.26）。コンクリート打込み・締固め工が所定の高さまで打ち込まれたコンクリートをしっかりと締め固め，そのうえで，土間工が目標とする平坦さにレーキなどで均し，こてなどで押さえて仕上げる，この一連の作業が連動して円滑に進むように打込み・締固めの位置，速さを調整する。

写真 9.25　型枠の変形の測定状況

写真 9.26　打込み・締固め作業と仕上げ作業

なお，均しの際に養生剤を散布することもある（11 章参照）。

9.6.6　養生工との連携

仕上げ作業が終わったら，速やかにコンクリートの初期養生を行う。具体的には，養生用のマットやシートを敷き，散水や噴霧を行ったり，あるいは水を張って湛水（たんすい）したりする。仕上げ完了後のコンクリート表面は急激に乾燥していくため，仕上げ完了後は速やかに初期養生を行い，表面を湿潤状態に保つ。一方で，硬化が不十分な状態で養生マットなどにより初期養生を行うと，コンクリート表面に養生マットの跡がついてしまうなど表面の美観が損なわれることがある。初期養生の開始時期を見極めることが重要であり，土間工と養生工は，工事管理者の元，しっかりと連携しておく必要がある。なお，コンクリート打込み・締固め工が養生作業を行う場合も同様であり，作業分担，作業開始時刻を明確にして作業に備える。

［引用文献］

1)　コンクリート基本技術委員会 打込み・締固めWG 報告書：打込み・締固めの要領，p.3, 4, 日本コンクリート工学会，2015 年 3 月

2)　十河茂幸ほか：現場で役立つ コンクリート名人養成講座 改訂版，p.50, 日経 BP，2008 年 10 月

10　打込み・締固め終了後の作業

10.1　打込み・締固め作業後の片づけ

10.1.1　空気抜き孔のふさぎ

型枠に設けた空気抜きのための孔（空気抜き孔）から，打ち込んだコンクリートのノロ（セメントペースト分）が漏れ出てきた（あふれ出てきた）のを確認したら，空気抜き孔に栓をして，それ以上ノロが漏れ出てこないようにする。栓は，打込み日の前日までに準備しておくのがよい。また，栓は型枠内に打ち込まれたコンクリートの圧力に押されて外れないよう，しっかりと固定する。

10.1.2　漏れ出たノロの撤去

打込み工区分けでスラブや梁の端部に設けられているコン止め（打継ぎ箇所に設けた仕切り）は，設計者（工事監理者）がその部材の中で応力が小さな箇所に設定したものである。このコン止めから，コンクリートが漏れた（あふれ出た）（写真 10.1）場合は，それを取り除く必要がある。漏れたノロは，打ち込まれたコンクリート中のセメントペースト分が主であり，そのまま硬化すると，コンクリートを打ち込んだ部材に必要な性能が発揮できなくなるうえ，ノロの上に新たにコンクリートを打ち継ぐと，将来的にノロの部分がはく離するなど事故につながる可能性があるので，確実に取り除かなければならない。

写真 10.1　型枠脚部から漏れたノロ

このノロの除去は，一般的にはコン止めの端部から出ている主筋や補強筋をよけ，型枠と鉄筋との狭いすきまに手を入れて行うため，必ずゴム手袋などの保護具を着用して丁寧に行う。なお，このコン止めの内部側については十分に締固めを行い，コン止めの内側に充填不良が生じないようにする。

10.1.3　ノロが付着した鉄筋の清掃

コン止めから出ている鉄筋またはスラブ・梁の上に出ている差し筋に付着したコンクリート（写真 10.2，写真 10.3）は，そのまま放置せずに，打込み当日に取り除く。

これは，付着したコンクリートが硬化すると，次に打ち込まれたコンクリートとの付着力が低下し，構造性能に悪影響を及ぼすためである。また，打込み当日に行う理由は，コンクリートが十分に硬化したあとでは，たがねなどでたたき落さなければならず，鉄筋表面を傷つけるおそれがあるためである。

付着したコンクリートは，水湿ししたブラシなどで鉄筋表面を傷つけないよう注意しながら取り除く。なお，こうした作業を行う場合は，スラブ上や梁上に洗浄水が溜まらないようシートやウェスなどを準備しておくとよい。

10.1.4 残コンの処理

コンクリートポンプ，輸送管，ホース内に残ったコンクリート（残コン）は，必ず工事管理者が指定した場所に廃棄する。残コンをトラックアジテータに返すと処理費がかかることがあるため，あらかじめ工事管理者に処理方法を確認しておくとよい。残コンの処理方法としては,専用の容器(コンテナ)，またはブルーシートにあけるなどして硬化させた後で破砕する方法などがある。(写真 10.4)

写真 10.2 差し筋に付着したノロ

写真 10.3 差し筋に付着したノロ

写真 10.4 残コン処理の例

10.1.5 ポンプ，輸送管，ホース，バイブレータ，インバータなどの片づけ

コンクリートポンプ，輸送管，うま，生コンボート（輸送管の養生材），ホースなどは，次回のコンクリート打ちに支障がないよう，コンクリートが付着した状態にせず，きちんと清掃したうえで片づける。清掃のために使用した水については，アルカリ濃度が高いため，工事管理者が指定する場所に廃棄し，勝手に公共の下水道に流してはならない。これらの機器や道具に不備や不具合が見つかった場合は，次回の施工までに修繕するか，新たなものと交換しておく。

締固めに使用するバイブレータ，インバータ，延長ケーブルなども，次回のコンクリート打ちに支障がないよう，振動部などに付着したコンクリートを完全に取り除いたうえで,所定の保管場所に戻しておく。とりわけ，これらの機器は電動工具であるため，保管する前に，振動部やケーブルなどを含め異常がないか動作確認を行う。

10.2　均し・押え・仕上げ作業後の片づけ

10.2.1　天端筋の撤去

打ち込まれるコンクリートの天端位置を表わす天端筋（写真 10.5）は，所定の高さまでコンクリートが打ち込まれたことが確認されてから取り除き，放置しないようにする。放置すると，他の作業を行う際につまずくおそれがあるうえ，均しや押えの作業の妨げとなる。取り除いた天端筋は，原則として，打ち込んでいるコンクリートの中に埋め込んではならない。

なお，最近，デッキスラブ用の天端目印用金物（写真 10.6）も出てきており，製品によってはコンクリート中に埋め込んでよいものもある。そのため，こうした製品を使う場合は，その処理方法を工事管理者に確認しておくようにする。

10.2.2　トンボ・コテなどの道具の清掃

トンボやコテは均し作業などが終了したら直ちに水で洗浄し，次回のコンクリート打ちに支障がないようにしてから保管する。洗浄に使った水はアルカリ濃度が高いので，工事管理者が決めた場所に廃棄するなど，適切に処理する。決して，硬化する途中のコンクリート上で洗浄してはならない。

10.2.3　天端確認用レベルの片づけ

レベルは光学機器で破損しやすいため，片づける際はコンクリートなどが付いた手で扱わないようにするとともに，機器本体に衝撃が加わらないよう丁寧に扱わなければならない。

10.3　コンクリートの養生と打継ぎ処理

10.3.1　膜養生剤の散布

膜養生剤は，工事管理者の指示に従って散布する（写真 10.7）。膜養生剤の散布量や散布時期は，メーカーによって異なるため，必ず使用方法を確認してから作業を行う。また，散布時にじょうろを使う場合には，目詰まりすることがあるので注意する。散布した膜養生剤は，レイキなどを用いて打ち込んだコンクリートに十分なじませる（写真 10.8）。作業終了後には散布に用いたじょうろはよく洗浄し，次回の施工で使えるような状態にしてから保管する。

写真 10.5　スラブ上の天端筋

写真 10.6　スラブ用天端目印用金物

10.3.2　養生マットまたは養生シートの敷込み

スラブや梁の上の養生マットや養生シートは，コンクリート天端の押え作業が終了してから敷き込む（写真 10.9）。シートはコンクリート表面が露出しないようすきまをなくし，コンクリートに密着させるよう敷き，シートの継ぎ目は 20cm 程度重ねておく。

ただし，これらのシートは，夜間に風で飛ばされないようおもし（端太角など）を用いて養生する。

10.3.3　湿潤養生

コンクリートは，所要強度を十分に発現すること，所要の耐久性を確保することなどが求められるが，そのためには，打込み後に適切に養生することが重要である。養生で重要な点は，コンクリートの温度を適切に保つこと，コンクリート表面から水分が蒸発しないようにすること，硬化する過程で振動や荷重を作用させないことであ

写真 10.9　養生シートの敷込み

写真 10.7　膜養生剤の散布

写真 10.10　スラブの湿潤養生

写真 10.8　膜養生剤散布後の均し

写真 10.11　スラブの湿潤養生

る。このうち，コンクリート表面から水分を蒸発させないようにするために行うのが湿潤養生作業である（写真 10.10，写真 10.11）。

湿潤養生作業は，ブリーディング水が引いたあとに行うコテ仕上げ（コテ押え）が終了し，表面の「濡れ色」がなくならないうちに，工事管理者の指示を受けて開始する。これは，コテ仕上げ（コテ押え）が終わる前に散水するとコンクリート表層部のセメントペーストと撒いた水が混ざり合い，脆弱な（もろい）コンクリート層ができるためである。風が強い場合には，撒いた水が周囲に飛び散るため，飛散防止用の養生を行ってから作業する。また，気温が高い場合や空気が乾燥している場合には，撒いた水がすぐに蒸発する可能性があるため，コンクリート表面が乾かないよう撒く水の量を調整する。

また，スラブなど大きな面積に対する湿潤養生作業は，ウォータージェットなどの散水機を用いたほうが効率的である。特に，乾燥して風が強い日に施工する場合は，コンクリート表面が乾燥しやすいため，散水をこまめに行い，少なくとも打込み後１～2日間は湿潤状態（湿った状態）を保つようにする。

寒い冬期に撒いた水がコンクリート表面に溜まったままにすると，その水が夜間に凍結し，コンクリートの表層が脆弱化する可能性がある。そのため，夜間の温度が氷点下まで下がるような厳冬期には，その上に保温性のあるシートをかけるなど，コンクリートの温度を下げないよう養生する。

一方，マスコンクリートでは，散水によってコンクリート表面の温度が下がると，コンクリート内部との温度差が大きくなって，温度ひび割れが生じることがあるので，養生水の温度に十分な配慮が必要である。

10.3.4 差し筋の養生

スラブや梁の上に，差し筋が配されていることがある。差し筋の先端でケガをしないよう，先端には養生用の鉄筋キャップ（写真 10.12）などの養生材が取り付けられているが，このキャップが打込み・締固め時に外れることがある。これら鉄筋先端の養生材（写真 10.13）が外れた場合は，直ちに元の鉄筋に取り付けておく。

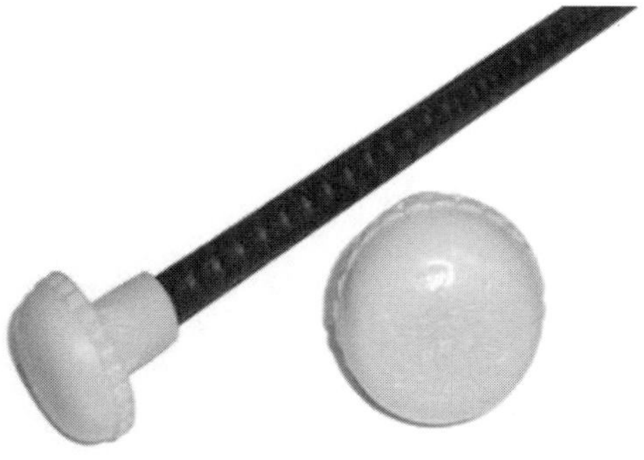

写真 10.12　鉄筋先端の養生キャップ

写真 10.13　差し筋天端の養生

10.3.5　ブリーディング水の処理

ブリーディング水は，土間工によるコンクリートの押え作業（均し作業を含む）の妨げになるため，コンクリート上に乗っても沈み込まない状態になった頃を見計らって，スポンジやウェスなどを用いて取り除く。ただし，ブリーディング水はアルカリ濃度が高いため，工事管理者の指示に従って適切に廃棄し，勝手に公共の下水道に廃棄してはならない。

10.3.6　コン止め（すだれなど）の取外し

すだれ，エアフェンス（写真 10.14）などのコン止めは，基本的に応力の作用が大きくない箇所に設けられることが多いが，コン止めが打込み・締固め作業の邪魔になるからといって勝手に取り外す，あるいは設置場所を移動するようなことはしてはならない。

コン止めは，コンクリートを打ち込む箇所と打ち込まない箇所の「仕切り」である。そのため，打ち込んだコンクリートが凝結し始める前に取り外すと，打ち込んでいない側にコンクリートが倒れ込む可能性があるため，取外しの時期に関しては，工事管理者の指示に従って行う。なお，コン止めを取り外す際は，コンクリートが打ち込まれた側の小口（部材断面）を荒らさないよう注意する（写真 10.15，写真 10.16）。

写真 10.14　エアフェンスの取付け

10.3.7　フォームタイの緩め

フォームタイは，作業の邪魔になるからといってむやみに緩めてはならない。また，打込み途中でフォームタイが緩んでいるのを確認した場合は，直ちに工事管理者に報告したうえで増し締めする。

10.3.8　せき板・端太の取外し

せき板や端太の取外しは，基本的には型枠工（型枠大工）が行う作業であるが，型

写真 10.15　コン止めの取外し

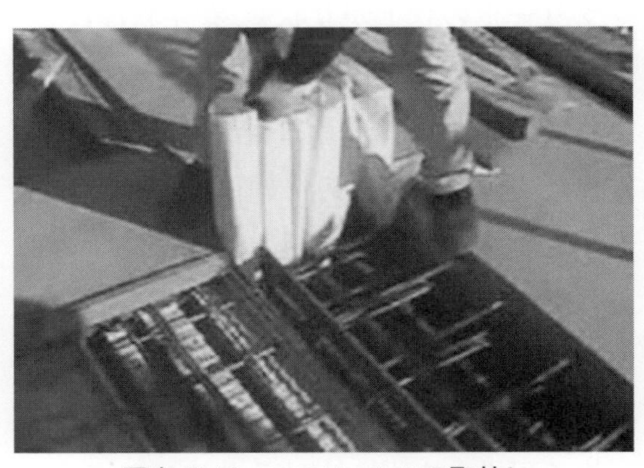
写真 10.16　エアフェンスの取外し

枠解体工がいない場合や不足している場合には，打込み・締固め工が作業を行うことがある。支保工やスラブ型枠の解体に伴って，せき板や端太を取り外す作業は，原則として，資格を有する者が当たらなければならない。取外しに際しては，コンクリートの養生期間中に行うことが多いため，硬化し始めたばかりのコンクリート面に傷をつけないよう，取り外した資材の振り回しなどに注意する。

また，レベルコン（均しコン）や基礎などで，型枠工が組立て・解体を行わない部位については，打込み・締固め工が作業を行う。具体的には，止め枠，段差枠，階段の蹴上・踏面枠，くし枠などのせき板や端太が該当する。止め枠や段差枠の取外し作業については，打ち込んだコンクリートが食い込んでいることがあるため，あまり硬化が進んでいない打込みの翌日または翌々日に行うとよい。

10.4 作業の終了報告

打込み・締固めの作業がすべて終了した後，工事管理者とともに作業後の状況（コンクリートの仕上がり状態，養生状況など）を確認するとともに，出面を含む作業日報を作成し，工事管理者に提出する。

また，当日の打込み・締固めの作業に携わったコンクリート打込み・締固め工の間で作業状況を振り返り，次回施工時に改善すべき点があれば，それについて互いに共通認識をもっておくことが望ましい。

施工現場から引き上げる前には，各自が体調不良などを起こしていないことを確認し，車で移動する場合は交通ルールを遵守し，安全運転に努めるようにする。

11　不具合の発生とその対応

11.1　不具合とは

施工に伴う不具合を発見した場合は，その状況を工事管理者に正確に報告し，指示を仰ぎ，コンクリート打込み・締固め工は独自の判断で対処してはならない。

施工に伴う不具合についてはそれぞれの状況写真を写すとともに，その発生原因（理由）とその後の対処方法を検討する。

11.2　コールドジョイント（打重ね不良）

コールドジョイント（写真 11.1，写真 11.2）は，打重ね時間間隔が長すぎたこと，あるいはコンクリートを打ち重ねた際に下層のコンクリートまでバイブレータが届かずに締固めが十分になされなかったことによって生じる。

写真 11.1　コールドジョイント

写真 11.2　コールドジョイント

コールドジョイントの発生を防ぐには，次のような対策をとるとよい。

①打重ねを行う箇所に，下層コンクリートの打込み時刻を表示するなど，だれが見ても打重ね時間間隔あるいは打重ねの許容時刻がわかるようにする。

②コンクリートが連続して供給されるよう，工事管理者と生コン工場と連携を図る（連絡を密に取る）。

③生コン工場からのコンクリートの供給が途切れることがわかった場合には，打込み速度をすこし下げ，打込みが途切れる時間をできる限り少なくする。

11.3　豆板（充填不良）

豆板（写真 11.3）または充填不良は，打込み時に粗骨材を分離させたり，一度に多量のコンクリートを型枠内に打ち込み，振動締固めが追いつかなかったことが要因で発生することが多い。

写真 11.3　豆板

特に，配筋が過密な柱と梁の接合部，締固めしにくい柱や壁の脚部，鉄骨鉄筋コンクリート部材の鉄骨下端，薄い部材の底部などでは，充填不良が生じやすいので，これらの部位の施工時には，打込み速度を下げ，締固め状況を確認してから次の箇所に移るようにする。

豆板が発生した場合には，そのときの施工状況を振り返り，次回施工時にふたたび豆板が発生しないよう対策を立てる。豆板の程度によって補修方法が異なるので，工事管理者に確認してから補修する。

11.4 プラスチック収縮ひび割れ

打ち込んだ直後のコンクリート表面が風などによって急激に乾燥し，それによって表面部が収縮して生じたひび割れを，プラスチック収縮ひび割れとよぶ（写真11.4）。

この収縮は，ブリーディング水の上昇よりもコンクリート表面からの水の蒸発速度が大きい場合に生じるため，コンクリート表面の急激な乾燥を防ぐことでプラスチック収縮ひび割れの発生を抑えることができる。そのため，乾燥して風が強い日などは表面仕上げが終わる頃を見計らって散水するなど，表面からの急激な乾燥を防ぐようにする。プラスチック収縮ひび割れが確認されたら，タンピングによってできるだけ早期に修復する。

11.5 沈みひび割れ（沈下ひび割れ，沈降ひび割れ）

型枠内に打ち込まれたコンクリートは，ブリーディング水の上昇によって打込み後数時間以内に沈下が生じるが，沈みひび割れは，コンクリートが打ち込まれる部材内の鉄筋や金物などの固定物の存在によってコンクリートの沈下量に差が生じて発生する。

沈みひび割れは打込み後数時間程度で収まるため，コンクリートの上面に生じた場合は表面のブリーディング水を取り除いて，コテ仕上げの段階で丁寧にタンピングすることで修復できる。

沈みひび割れは，コンクリートを打ち込む部材の高さが急激に変わる部分（梁とスラブの境界など）で生じやすく，こうした

写真 11.4　プラスチック収縮ひび割れ

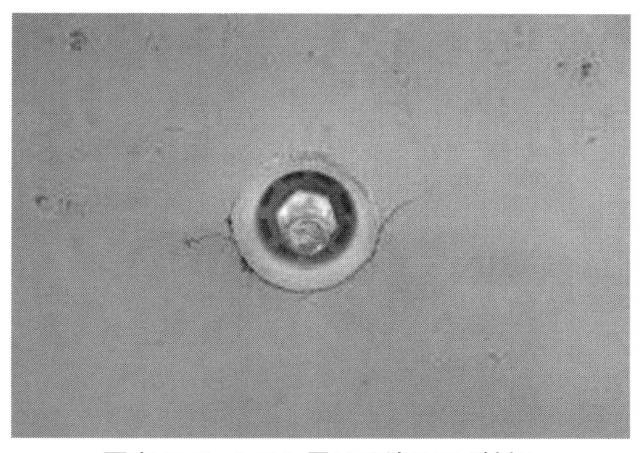

写真 11.5　P コン周りの沈みひび割れ

箇所では段差が異なる位置で打込み後，しばらく時間をおいてから上部のコンクリートを打ち込むとよい。

また，セパレータの下部に生じる沈みひび割れ（写真 11.5）や壁面に水平に生じる沈みひび割れは，ブリーディングの少ないコンクリートとし，ゆっくりと打ち上げるなどの対策が必要である。

沈みひび割れの発生を防ぐには，ブリーディングが生じにくいコンクリートにする必要がある。具体的な方法としては，コンクリートの単位水量を減らす，水セメント比を小さくする，または富配合（調合）のコンクリートにするなどである。

11.6 砂すじ

砂すじは，打ち込まれたコンクリート中の余剰水が型枠の目違い部などから流れ出し，硬化したコンクリート表面に筋状にまだら模様ができる，またはコンクリート中の砂分が表面に露出する現象である（写真 11.6）。砂すじ自体が構造体コンクリートの耐久性や防水性能に直接影響を及ぼすことは希で，意匠的な面から美観に影響を及ぼすものである。

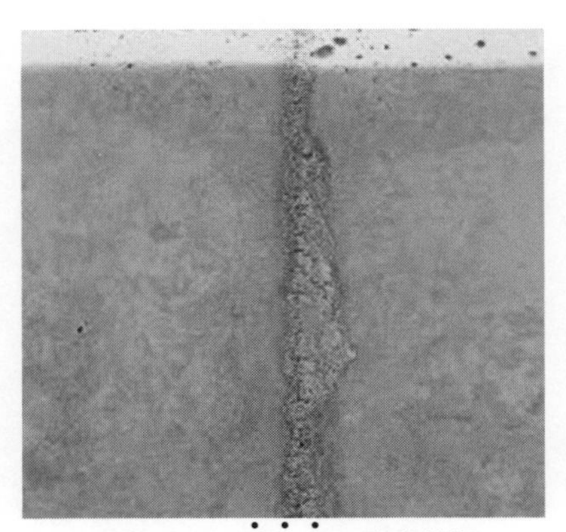

写真 11.6 砂すじの発生状況

砂すじの発生を防ぐには，打込み前の型枠の建込み状態（精度）を確認することが重要であるが，打込み中に型枠（せき板）に目違い（段差）やすきまが生じていることがわかった場合には，直ちに工事管理者に報告し，打込み速度を下げるなどして，砂すじが生じないようにし，型枠工（型枠大工）に伝え，せき板の継ぎ目の段差やすきまをなくすようにする。また，砂すじの要因の一つであるブリーディングを生じにくくするため，コンクリートを微粒分が多い配合（調合）に修正することも検討するとよい。

11.7 かぶり厚さ不足

かぶり厚さ不足は，本来，コンクリート打込み・締固め工事が要因ではないが，構造体コンクリートを構築するうえで見過ごせない不具合である（写真 11.7，写真 11.8）。配筋が型枠側に寄っていることが確認された場合には，直ちに工事管理者に伝え，配筋を修正したうえでコンクリートの打込み・締固めを行うようにすべきである。

また，振動締固めを行う場合に，鉄筋が型枠に寄っていれば，その狭いすきまにバイブレータ（棒形振動機）を挿入することが困難なことは一目瞭然であり，それが鉄筋工事または型枠工事によるものであるとしても放置してはならない。

11.8　収縮ひび割れ

コンクリートは，圧縮には強いが，引張には弱い材料である。そのため，コンクリートが硬化する過程で，コンクリート中に含まれる練混ぜ水を含む自由水が蒸発する。すなわちコンクリートが乾燥すると収縮し，ある限度（コンクリートの引張強度）を超えると，それに耐えきれずにひび割れが発生する（写真11.9）。このように，コンクリートが乾燥することで生じるひび割れを乾燥収縮ひび割れという。

乾燥収縮ひび割れを抑えるには，次のような対策を取るとよい。

①コンクリートの単位水量を減らす。

②収縮量が少ない骨材（たとえば，石灰石骨材）を用いる。

③コンクリートに収縮低減剤あるいは膨張材を添加する。

④打ち込んだコンクリートに対して十分な養生を行う。

⑤所定の間隔で部材に目地を入れる（特にスラブなど）。

11.9　温度ひび割れ

部材の厚さが大きい場合（マスコンクリート）は，セメントの水和熱によって部材内部が高温になり，表面との温度差によってひび割れ（内部拘束温度ひび割れ）が生じたり，放熱によって部材の温度が低下するときの収縮によってひび割れ（外部

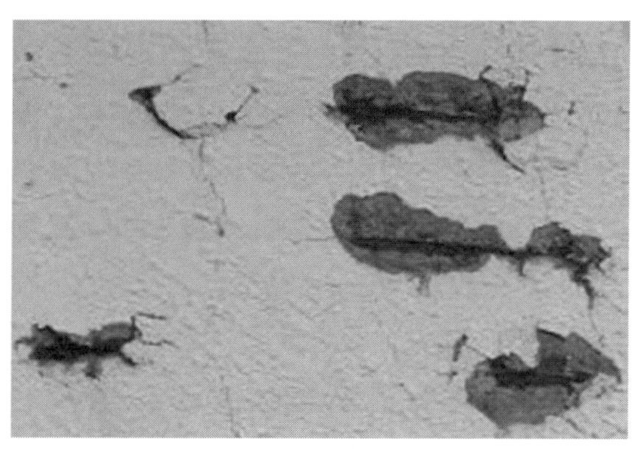

写真11.7　かぶり厚さ不足によるはく落

写真11.8　かぶり厚さ不足によるはく落

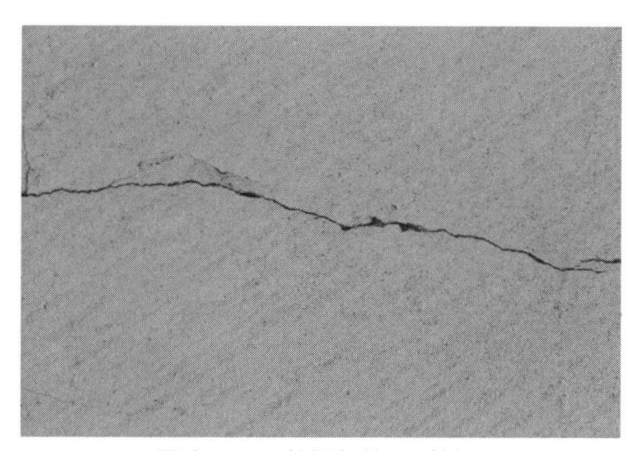

写真11.9　乾燥収縮ひび割れ

写真11.10　温度ひび割れ

拘束温度ひび割れ）が生じることがある。（写真 11.10）

温度ひび割れを抑えるためには，次のような対策をとるとよい。

①単位セメント量を減らす。

②低発熱型のセメントを使用する。

③水和熱抑制型の膨張材を用いる。

④打込み時のコンクリート温度を下げる。

⑤保温して表面と内部との温度差を小さくする。

⑥ひび割れ誘発目地を入れる。

収縮ひび割れが生じると，ひび割れ部から水や酸素が浸透し，部材内部の鉄筋が腐食しやすくなる。このほか，収縮ひび割れは時間が経過すると，その幅が拡大する傾向にあるため，放置することなく，できる限り早い段階で補修を行うのがよい。

索　引

あーお

かーこ

さーそ

たーと

な―の

は―ほ

ま－も

や－よ

ら－ろ

わ

執筆者一覧

監　修

十河　茂幸　　近未来コンクリート研究会 代表　工学博士

執　筆

大塚　秀三	ものつくり大学技能工芸学部建設学科 教授　博士（工学）	（1章）
中田　善久	日本大学理工学部建築学科 教授　博士（工学）	（2・6章）
一瀬　賢一	（株）大林組 技術本部 技術研究所 担当部長　博士（工学）	（3章）
鈴木　澄江	工学院大学 建築学部 建築学科 教授　博士（工学）	（4章）
栗田　守朗	清水建設（株）土木技術本部 基盤技術部コンクリートG　担当部長　博士（工学）	（5・7章）
舟橋　政司	前田建設工業（株）ICI 総合センター グループ長　博士（工学）	（8章）
柳井　修司	鹿島建設（株）土木管理本部 土木技術部 担当部長	（9章）
太田　達見	静岡理工科大学理工学部建築学科 教授　博士（工学）	（10・11章）

（執筆順）

コンクリートの打込み・締固めの基本

2020 年 4 月 10 日　第 1 版第 1 刷発行

監修者　十河茂幸©
著　者　中田善久・大塚秀三・一瀬賢一・鈴木澄江・栗田守朗・舟橋政司・柳井修司・太田達見©
発行者　石川泰章
発行所　株式会社 井上書院
東京都文京区湯島2-17-15 斉藤ビル
電話（03)5689-5481　FAX（03)5689-5483
https://www.inoueshoin.co.jp/
振替 00110-2-100535
装　幀　藤本　宿
印刷所　株式会社東京プリント印刷

ISBN978-4-7530-0591-8　C3052　Printed in Japan